AF590025

COURS COMPLET
D'ENSEIGNEMENT SECONDAIRE SPÉCIAL

GÉOMÉTRIE
ÉLÉMENTAIRE

RÉDIGÉE

Conformément aux programmes officiels de 1866

PAR H. BOS

ANCIEN ÉLÈVE DE L'ÉCOLE NORMALE, INSPECTEUR D'ACADÉMIE

BIBLIOTHÈQUE NATIONALE IMPRIMÉS

DEUXIÈME ANNÉE

Géométrie dans l'espace

Deuxième édition, revue et corrigée

PARIS
CH. DELAGRAVE, LIBRAIRE-ÉDITEUR
58, RUE DES ÉCOLES, 58

1873

V 32748

GÉOMÉTRIE
ÉLÉMENTAIRE.

TROISIÈME PARTIE.

Géométrie dans l'espace. — Plans. — Prismes. — Surfaces cylindriques, coniques et sphériques. — Mesures.

CHAPITRE I.

DU PLAN.

Premières notions sur le plan.

1. Nous avons déjà défini la surface à laquelle on donne le nom de *plan* : c'est une surface sur laquelle on peut appliquer exactement une ligne droite dans tous les sens ; en d'autres termes, la ligne droite qui joint deux points quelconques d'un plan a tous ses points dans ce plan.

Il résulte de cette définition qu'*une ligne droite ne peut rencontrer un plan en plus d'un point ;* car, si elle avait deux points communs avec le plan, elle y serait contenue tout entière. Lorsqu'une droite rencontre un plan, le point d'intersection s'appelle le *pied* de la droite dans le plan.

La nature nous offre des exemples nombreux de surfaces planes : telle est la surface d'un liquide en repos ; les faces d'un cristal sont aussi des portions de plan ; mais c'est principalement dans les arts industriels qu'on rencontre à chaque instant cette surface, et il est peu de métiers où les ouvriers n'aient pas besoin de façonner un corps de manière à lui donner des faces planes. On emploie à cet effet différentes méthodes sur lesquelles nous reviendrons ; mais, quel que soit le moyen employé pour dresser une surface, on s'assurera qu'elle est plane en y appliquant une règle bien droite dans différentes positions ; la règle devra être partout en contact avec la surface : c'est le procédé qu'emploient à chaque instant les menuisiers, les marbriers, les tailleurs de pierres, les ouvriers qui polissent les glaces, etc.

2. Dans tout le cours de ce chapitre, nous supposerons les plans indéfinis ; toutefois, pour rendre les figures plus claires, nous représenterons les plans limités, en leur donnant la forme d'un parallélogramme ; c'est à peu près sous cette forme qu'on voit un rectangle quand on le regarde obliquement. Nous désignerons un plan par deux lettres ou même par une seule ; ainsi nous dirons le plan MN, ou le plan M (fig. 1).

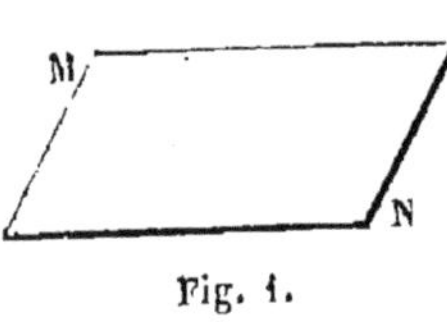

Fig. 1.

Il importe de remarquer que les figures relatives à la géométrie de l'espace, comprenant des lignes et des points situés dans des plans différents, ne peuvent pas être reproduites sur une feuille de papier ; il faut, pour les représenter exactement, employer des planches de bois ou de carton pour les plans, des fils ou des tiges métalliques pour les lignes ; les figures ainsi construites s'appellent des *figures en relief*, et sont très-commodes pour l'étude de la géométrie. Supposons maintenant qu'on dessine ces figures suivant les règles ordinaires de la perspective, on aura des dessins qui pourront remplacer les modèles en relief ; ce sont des dessins de cette nature qui nous serviront pour expliquer les propriétés des figures de l'espace. Il est d'ailleurs indispensable de s'habituer à l'emploi de ces figures ; on comprend en effet qu'il serait impossible de faire un modèle en relief, toutes les fois qu'on voudrait démontrer un théorème, ou résoudre un problème sur des plans, des lignes et des points disposés d'une manière quelconque dans l'espace (1).

(1) Le programme officiel recommande l'emploi de petites planches

3. Théorème. *Par une droite et un point pris hors de cette droite, on peut toujours faire passer un plan, et on n'en peut faire passer qu'un.*

Soient AB la droite donnée, et C, le point donné; par la droite AB nous pouvons toujours faire passer un plan quelconque, M; faisons ensuite tourner ce plan autour de AB jusqu'à ce qu'il contienne le point donné C; il est clair que la position du plan mobile sera alors complétement déterminée. En d'autres termes, on peut toujours mener un plan par la droite AB et le point C; et, de plus, tout autre plan mené par la droite AB ne contiendra pas le point C. On peut rendre cette démonstration sensible par une expérience journalière: le battant d'une porte qui tourne autour des charnières nous représente le plan mobile tournant autour d'une droite, et l'on sait que, pour déterminer la position de cette porte, il suffit d'amener sa surface à passer par un point donné, par exemple, de faire arriver le pêne de la serrure dans la gâche fixée au cadre de la porte.

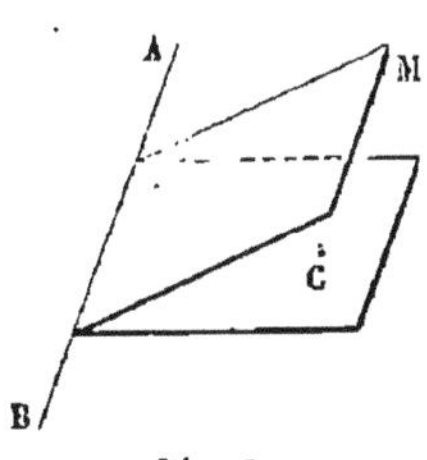

Fig. 2.

4. Corollaire I. *Par trois points* A, B, C, *non situés en ligne droite, on peut faire passer un plan, et on n'en peut faire passer qu'un.*

A B

C

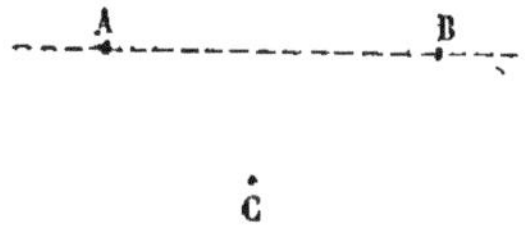

Fig. 3.

Joignons les deux points A et B par une ligne droite : tout plan passant par les deux points A et B, contient la droite AB; et réciproquement, tout plan

de liége pour figurer les plans, et de tiges en bois armées de pointes pour représenter les lignes. On pourra construire ainsi la plupart des figures relatives aux propriétés du plan, et s'en servir pour les démonstrations; mais il faut que les élèves dessinent en même temps sur le papier la figure construite, et s'habituent peu à peu à *voir dans l'espace*, c'est-à-dire à se représenter exactement la position de tous les éléments d'une figure de l'espace, en se servant seulement d'un dessin en perspective.

qui contient la droite AB, passe par les deux points A et B ; or la droite AB et le point C déterminent la position d'un plan ; donc il en est de même des trois points A, B, C ; C. Q. F. D.

5. Corollaire II. *Deux droites* AB, AC, *qui se coupent, déterminent la position d'un plan.*

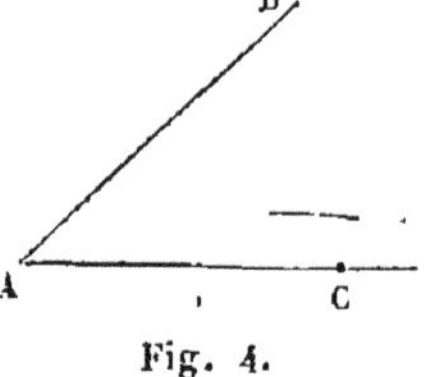

Fig. 4.

Prenons un point C quelconque sur la droite AC ; tout plan qui passe par les deux points A et C contient la droite AC tout entière ; or, par la droite AB et le point C, on peut mener un plan et on n'en peut mener qu'un ; donc les deux droites AB et AC déterminent un plan, et n'en déterminent qu'un.

6. Corollaire III. *Deux droites parallèles* AB *et* CD *déterminent un plan.*

En effet, deux droites parallèles sont toujours dans un même plan ; cela résulte de leur définition même (Géom. plane, **90**) ; de plus, on ne peut mener qu'un plan par ces deux droites ; car on ne peut faire passer qu'un plan par la droite AB et un point C quelconque pris sur la droite CD.

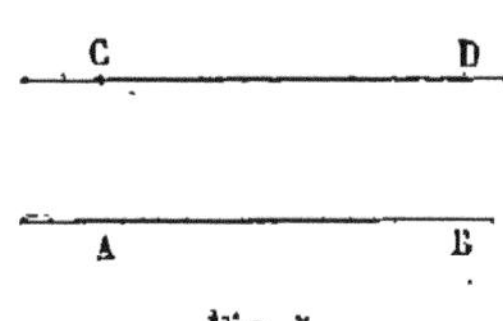

Fig. 5.

Il résulte de là que *par un point* C, *donné hors d'une droite* AB, *on ne peut mener qu'une parallèle à cette droite ;* car toute parallèle à AB menée par le point C doit être contenue dans le plan déterminé par la droite AB et le point C ; et l'on sait que, dans un plan, on ne peut mener par un point qu'une seule parallèle à une droite (Géom. pl., **95**).

7. Remarque. Deux droites AB et CD (fig. 6), données d'une manière quelconque dans l'espace, ne sont pas généralement situées dans un même plan ; cela n'arrive que lorsque les deux droites se coupent ou qu'elles sont parallèles. En effet, par la droite AB et un point E pris à volonté sur la droite CD, menons un plan M ; si ce plan contient la droite CD, cette droite coupera AB ou lui sera parallèle; mais, en général, la droite CD traversera le plan M et n'aura qu'un point commun avec lui. Dans ce cas, aucun autre plan ne pourra contenir à la fois les droites AB et CD; car, s'il en existait un, il devrait coïncider avec le plan M, puisqu'il contiendrait la droite AB et le point E; or, nous avons supposé que le plan M ne contient pas la droite CD.

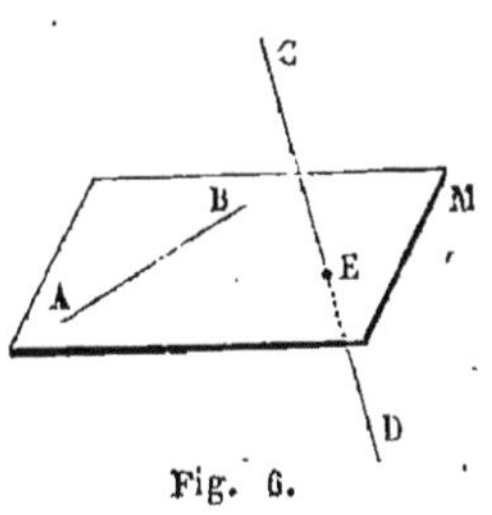

Fig. 6.

8. Applications. Les propositions qui précèdent fournissent plusieurs moyens de produire une surface plane par le mouvement d'une droite.

Considérons en premier lieu deux droites AB et AC qui se coupent, et le plan M déterminé par ces deux droites (fig.7); supposons qu'une droite DE se meuve en s'appuyant constamment sur les deux droites fixes AB et AC; dans toutes ses positions, la droite mobile aura deux points dans le plan M, et par suite y sera contenue tout entière; donc on peut considérer le plan M comme décrit par la droite mobile DE, assujettie à rencontrer constamment les deux droites fixes AB et AC; c'est ce qu'on exprime en disant que le plan est *engendré* par le mouvement de cette droite DE. On arriverait au même résultat si l'on supposait les droites fixes parallèles au lieu de les supposer concourantes. Donc *un plan peut être engendré par une droite mobile assujettie à rencontrer constamment deux droites fixes concourantes ou parallèles.*

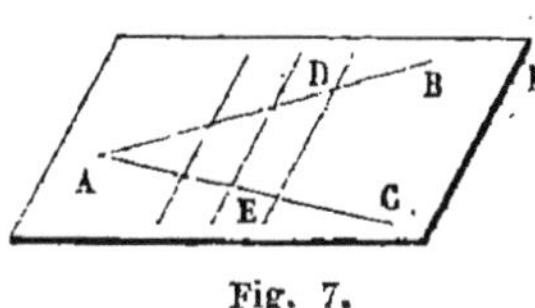

Fig. 7.

Considérons en second lieu une droite fixe AB, et une droite mobile CD assujettie à rencontrer constamment la droite fixe, et de plus à rester toujours parallèle à une direction fixe (fig. 8) : je dis qu'elle engendrera encore un plan. En effet, soient CD et C′D′, deux positions de la droite mobile ; C et C′, les points où ces deux droites rencontrent la droite fixe AB ; le plan des deux parallèles CD et C′D′ renfermant les points C et C′, contiendra la droite AB tout entière ; ce plan coïncide donc avec le plan M conduit par les deux droites AB et CD ; la droite mobile, dans toutes ses positions, fera donc partie de ce plan, c'est-à-dire que le plan M peut être engendré par le mouvement de cette droite.

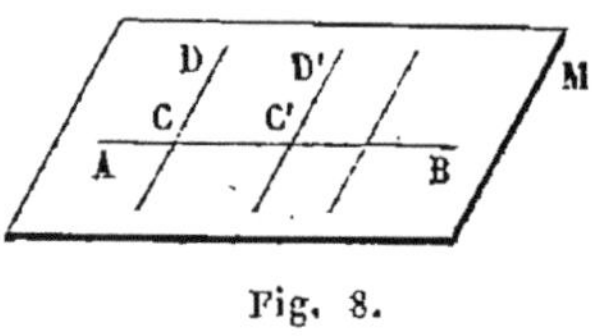

Fig. 8.

Ces deux modes de génération d'un plan sont fréquemment employés dans les arts industriels. Ainsi le briquetier, pour façonner les briques, remplit d'argile une petite caisse rectangulaire jusqu'au-dessus des bords, puis il fait glisser une règle d'un mouvement continu de manière qu'elle s'appuie constamment sur deux côtés consécutifs ou sur deux côtés opposés de la caisse ; dans ce mouvement la règle enlève tout ce qui dépasse le moule, et la surface obtenue est plane, puisqu'elle est engendrée par le mouvement d'une droite qui s'appuie constamment sur deux droites fixes concourantes ou parallèles. De même les charpentiers, les menuisiers, les scieurs de long qui veulent scier une pièce de bois de manière à obtenir une face plane, tracent sur deux faces adjacentes ou opposées de la pièce de bois deux lignes droites concourantes ou parallèles ; puis ils font mouvoir la scie de manière que le tranchant rencontre toujours les deux droites fixes ; la surface qu'elle engendre ainsi est un plan pour la même raison que précédemment. Les tailleurs de pierres opèrent d'une manière analogue ; ils tracent deux lignes droites concourantes ou parallèles, et enlèvent avec le ciseau tout ce qui dépasse le plan de ces deux lignes droites ; et pour vérifier que la surface qu'ils travaillent est bien plane, ils y appliquent de temps en temps une règle ; cette règle doit être partout en contact avec la surface, et de plus rencontrer toujours les deux droites fixes préalablement tracées.

On pourrait citer encore un grand nombre d'autres applications de cette manière d'engendrer une surface plane.

9. Théorème. *Lorsque deux plans se coupent, leur intersection est une ligne droite.*

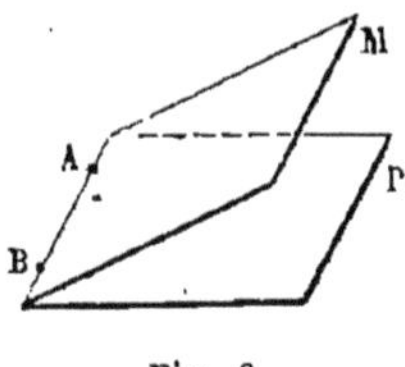

Fig. 9.

Soient M et P deux plans qui se coupent, et soient A et B deux points communs à ces plans; la droite AB qui joint ces deux points sera contenue tout entière dans chacun des deux plans. Les deux plans ne pourront pas avoir de point commun en dehors de cette droite; car alors ils coïncideraient, puisqu'une droite et un point extérieur ne déterminent qu'un plan; donc la ligne droite AB est l'intersection des deux plans; C.Q.F.D.

10. Applications. C'est en s'appuyant sur cette propriété que les menuisiers façonnent les règles; ils commencent par rendre plane l'une des faces de la règle au moyen du rabot; en plaçant l'œil dans le prolongement de cette face, ils s'assurent qu'elle n'offre aucune saillie appréciable, c'est-à-dire qu'un rayon lumineux peut s'appliquer exactement sur la surface dans toutes les directions; ils opèrent de même sur la face contiguë de la règle; l'intersection des deux faces est alors une ligne droite. C'est encore en vertu de cette propriété que les arêtes de nos meubles, les lignes d'intersection de deux murailles sont des lignes droites.

Les dessinateurs et les peintres font aussi une application de ce théorème, lorsqu'ils veulent dessiner des corps terminés par des arêtes rectilignes; en effet, dans les arts du dessin, on imagine que l'on mène par l'œil de l'observateur des lignes droites à tous les points de l'objet que l'on veut représenter; ces rayons visuels rencontrent un plan fixe appelé *tableau*, et y tracent une image de l'objet, tel qu'il est vu par l'œil; cette image s'appelle la *perspective* de l'objet. Cela posé, supposons qu'on veuille tracer la perspective d'une ligne droite : tous les rayons visuels aboutissant à la droite seront contenus dans le plan déterminé par cette droite et l'œil du spectateur, et par conséquent la perspective de la droite sera l'intersection de ce plan avec le plan du tableau, c'est-à-dire une autre ligne droite ; ainsi toute arête rectiligne d'un corps devra être représentée par une ligne droite sur un dessin en perspective. On démontrerait de même que l'ombre portée sur un plan par une arête rectiligne est aussi une ligne droite.

De la perpendiculaire et des obliques à un plan.

11. DÉFINITIONS. Une ligne droite et un plan qui se coupent sont dits *perpendiculaires*, lorsque la ligne droite est perpendiculaire à toutes les droites qui passent par son pied dans le plan.

Lorsqu'une ligne droite rencontre un plan et qu'elle ne lui est pas perpendiculaire, elle est dite *oblique* à ce plan.

12. THÉORÈME. *Lorsqu'une droite est perpendiculaire à deux droites qui passent par son pied dans un plan, elle est perpendiculaire à ce plan.*

Soit AB une droite qui rencontre le plan MN au point B, et qui est perpendiculaire aux deux droites BC et BD menées dans ce plan par son pied ; je dis que cette droite AB est perpendiculaire à toutes les droites qui passent par son pied dans ce même plan. En effet, soit BI une droite quelconque menée dans ce plan MN par le point B ; je trace dans ce plan une autre ligne droite qui rencontre aux points C, D et I les trois droites BC, BD, BI ; puis je prolonge la droite AB au-dessous du plan MN d'une longueur BK égale à AB, et je joins AC, AD, AI, KC, KD, KI. Dans le plan déterminé par la droite AK et le point C, la ligne BC est perpendiculaire au milieu de AK ; donc CA = CK (Géom. pl., **75**) ; pour la même raison, DA = DK. Alors les

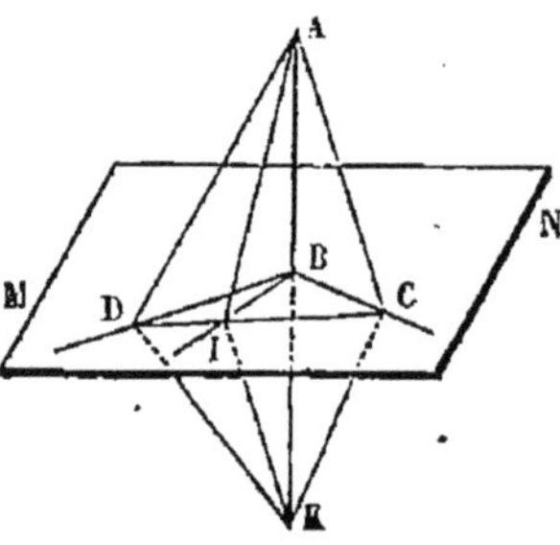

Fig. 10.

deux triangles ACD, KCD ont les trois côtés égaux chacun à chacun; donc ils sont égaux, et l'angle ACD est égal à l'angle KCD. Les deux triangles ACI, KCI, ont alors le côté CI commun, le côté AC égal à KC, et l'angle ACI égal à l'angle KCI; ces triangles sont donc égaux (Géom. pl., **297**), et AI=KI; il résulte de là que le triangle AIK est isocèle, et par conséquent la ligne IB, qui joint le sommet de ce triangle au milieu de la base AK, est perpendiculaire à cette base (Géom. pl., **284**). La ligne AB est donc perpendiculaire à une ligne quelconque BI passant par son pied dans le plan MN; en d'autres termes, elle est perpendiculaire à ce plan; C. Q. F. D.

13. Problème. *Mener par un point donné une perpendiculaire à un plan donné.*

On emploie, pour résoudre ce problème, un instrument appelé *équerre à trois branches*, et qui consiste essentiellement dans la réunion de deux équerres AOC, BOC, situées dans des plans différents, ayant même sommet O, et deux côtés de l'angle droit juxtaposés suivant la ligne OC (fig. 11); habituellement les deux autres côtés OA et OB des deux équerres sont aussi perpendiculaires, de telle manière que les trois angles AOB, AOC, BOC sont droits; mais cette dernière condition n'est pas nécessaire. Ce petit instrument peut être fait en fer ou en bois; dans ce dernier cas les deux équerres AOC, BOC sont ordinairement des planchettes rectangulaires, qui figurent à peu près un livre ouvert.

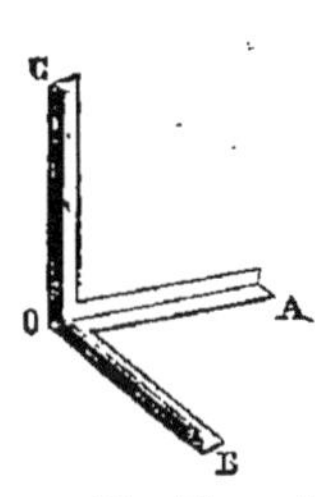

Fig. 11.

Enfin on peut encore faire une équerre à trois branches avec une feuille de papier fort qu'on plie par le milieu, de manière que les deux parties d'un même bord s'appliquent exactement l'une sur l'autre; on ouvre alors la feuille de papier, et on a une équerre à trois branches dans laquelle le pli de la feuille de papier figure l'arête OC de la figure précédente, et les bords perpendiculaires sont les arêtes OA et OB.

Cela posé, proposons-nous de mener une perpendiculaire au plan M, soit par un point O donné dans ce plan, soit par un point I extérieur à ce plan. Plaçons l'équerre à trois branches de manière que les deux arêtes OA et OB soient appliquées sur le plan donné, et que la troisième arête OC passe par le point donné; cette ligne OC sera alors perpendiculaire au plan M, puisqu'elle est perpendiculaire aux deux droites OA et OB qui passent par son pied dans ce plan.

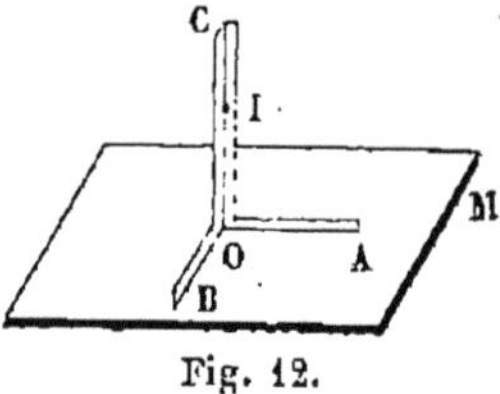

Fig. 12.

Ce procédé n'est pas applicable quand on veut mener une perpendiculaire à un plan par un point extérieur éloigné, parce que la branche OC de l'équerre est alors trop courte; il faut employer un autre moyen que nous indiquerons plus tard.

14. Théorème. *Par un point donné on ne peut mener qu'une perpendiculaire à un plan donné.*

1° Supposons d'abord le point donné A situé dans le plan donné M (fig. 13); soient AB une perpendiculaire au plan M, AC une autre ligne quelconque menée par le point A; je dis qu'elle est oblique au plan M. En effet, par les deux droites AB et AC, faisons passer un plan qui coupe le plan M suivant la ligne DE; la ligne AB, perpendiculaire au plan M, est perpendiculaire à la ligne DE qui passe par son pied dans ce plan; mais on sait que dans le plan des trois droites AB, AC, DE, on ne peut mener, par le point A, qu'une perpendiculaire à la ligne DE; donc la ligne AC est oblique à la ligne DE qui passe par son pied dans le plan M, et par suite elle est oblique à ce plan (**11**); C. Q. F. D.

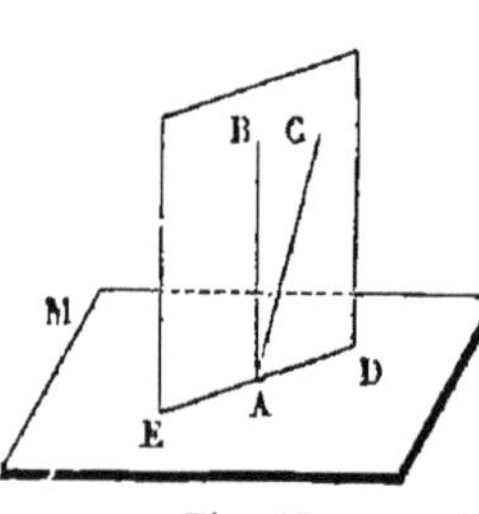

Fig. 13.

2° Supposons maintenant le point donné A extérieur au plan M (fig. 14); menons la ligne AD perpendiculaire au plan

M, et une autre droite quelconque AE ; je dis que cette ligne est oblique au plan. En effet, joignons les points D et E des deux lignes AD et AE ; la ligne AD, perpendiculaire au plan M, est perpendiculaire à DE ; le triangle ADE est donc rectangle en D ; par conséquent AE est oblique à la ligne DE qui passe par son pied dans le plan M ; donc elle est oblique à ce plan ; C.Q.F.D.

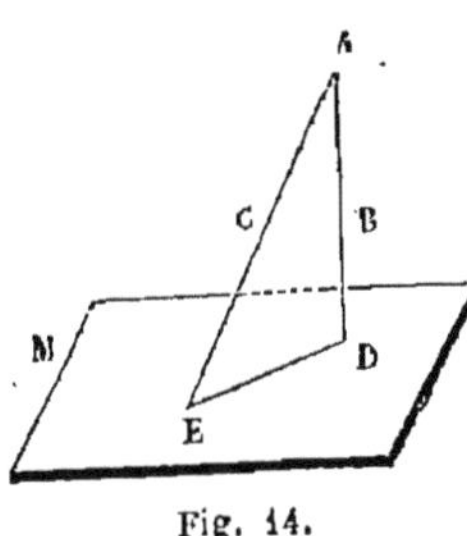

Fig. 14.

15. Problème. *Par un point donné* O, *mener un plan perpendiculaire à une droite donnée* AB.

1° Je suppose d'abord que le point donné O soit sur la droite AB (fig. 15) ; par cette droite, je fais passer deux plans, et dans chacun d'eux, je mène par le point O, des lignes OC et OD, perpendiculaires à AB ; enfin, par ces deux droites OC et OD, je conduis un plan MN ; c'est le plan demandé ; car, d'après la construction, la droite AB est perpendiculaire à deux droites OC et OD qui passent par son pied dans ce plan ; elle est donc perpendiculaire au plan MN (**12**) ; en d'autres termes, le plan MN est perpendiculaire à AB.

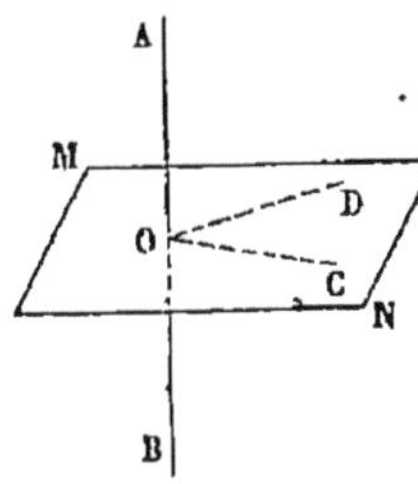

Fig. 15.

2° Supposons, en second lieu, le point donné O extérieur à la droite AB (fig. 16). Par la droite AB et le point O, faisons passer un plan, et, dans ce plan, abaissons du point O une perpendiculaire OP sur AB ; par la droite AB, menons un second plan, et, dans ce plan, traçons PC perpendiculaire à AB ; le plan MN qui passe par les deux droites OP et PC est le plan demandé ; car, d'après la construction, la ligne AB est perpendiculaire aux deux droites PO et PC, menées par son pied dans

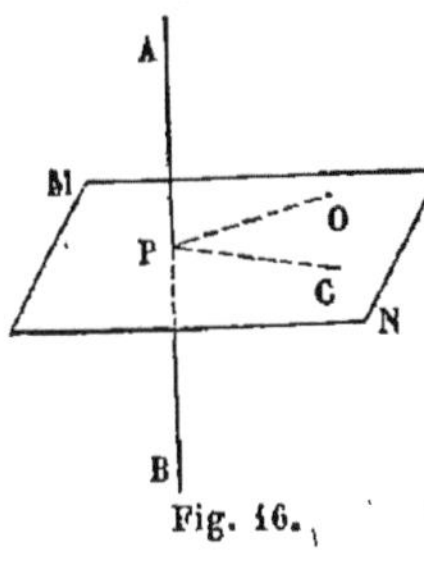

Fig. 16.

le plan MN ; donc elle est perpendiculaire à ce plan (12).

16. Application. Le procédé que nous venons de donner pour mener un plan perpendiculaire à une droite est employé à chaque instant, dans les arts industriels, par les charpentiers, les menuisiers, les tailleurs de pierres, etc. Supposons, par exemple, qu'un charpentier veuille *couper d'équerre* la pièce de bois AB (fig. 17) ; il faut d'abord que deux des faces de cette pièce de bois aient été rendues planes, de manière que leur intersection AB soit une ligne droite. Alors, par un point C de cette arête, on mène, dans les deux faces, des perpendiculaires CD, CE à la ligne AB ; et on scie la pièce, de manière que le tranchant de la scie s'appuie constamment sur les deux droites CD et CE ; le plan ainsi engendré est perpendiculaire à AB. La même construction sert aux tailleurs de pierres pour exécuter un parement perpendiculaire à l'intersection de deux faces planes.

Fig. 17.

17. Théorème. *Par un point donné* A, *on ne peut mener qu'un plan perpendiculaire à une droite donnée* BC.

1° Supposons d'abord le point A situé sur la droite BC (fig. 18) ; soient M un plan perpendiculaire à cette droite, mené par le point A, et N un autre plan passant aussi par le point A ; je dis qu'il est oblique à la droite BC. En effet, par la droite AB, menons un plan quelconque qui coupe les deux plans M et N suivant les droites AD et AE ; BC, perpendiculaire au plan M, est perpendiculaire à la droite AD qui passe par son pied dans ce plan, et comme les trois droites BC, AD et AE sont dans un même plan, BC, qui est perpendiculaire à AD, est oblique à AE (Géom. pl., 67) : donc aussi BC est oblique au plan N ; c.q.f.d.

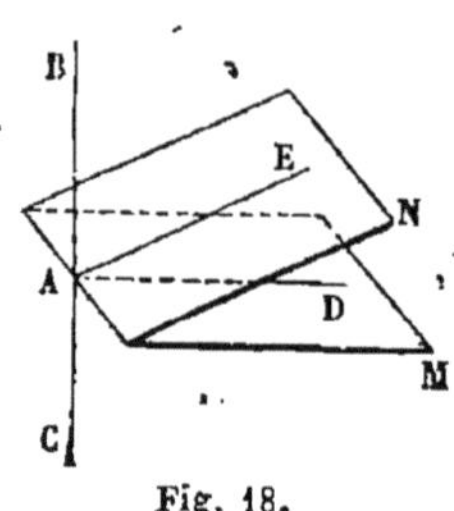

Fig. 18.

2° Supposons maintenant le point A extérieur à la droite BC (fig. 19); par ce point, je mène le plan M perpendiculaire à BC et un autre plan N quelconque ; je dis que le plan N est oblique à BC. En effet, soient D et E les points où les plans M et N rencontrent BC ; je joins AD et AE ; la ligne BC, perpendiculaire au plan M, est perpendiculaire à la droite AD qui passe par son pied dans ce plan ; alors le triangle ADE est rectangle en D, et la ligne AE est oblique à BC ; donc aussi BC est oblique au plan N qui contient la ligne AE ; C. Q. F. D.

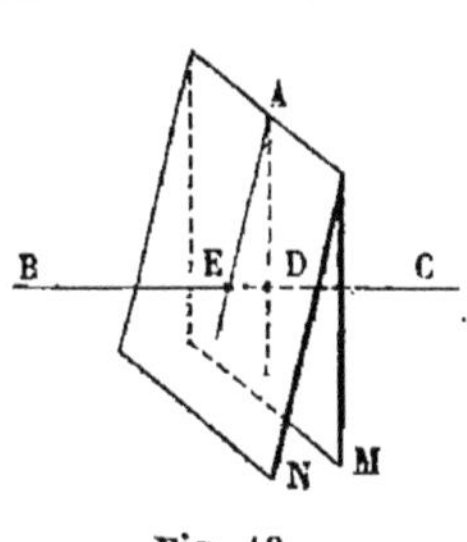

Fig. 19.

18. Corollaire. *Si, par un point* B *d'une droite* AB, *on lui élève autant de perpendiculaires qu'on voudra*, BC, BD, BE, *etc., toutes ces perpendiculaires sont contenues dans un même plan perpendiculaire à la droite* AB.

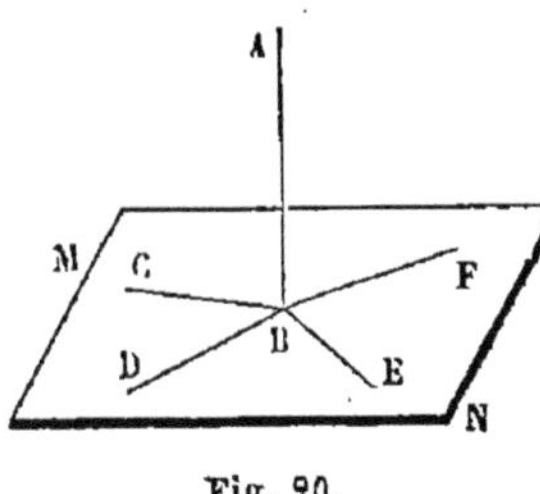

Fig. 20.

En effet, deux quelconques de ces lignes déterminent un plan MN perpendiculaire à la droite AB au point B ; or, par le point B, on ne peut mener qu'un plan perpendiculaire à AB ; donc il contient toutes les perpendiculaires BC, BD, BE, BF ; C. Q. F. D.

19. Application. Le corollaire précédent fournit un nouveau mode de génération de la surface plane : il suffit de faire mouvoir une droite mobile, de manière qu'elle soit toujours perpendiculaire à une droite fixe AB en un point B. C'est ainsi que, lorsque le battant d'une porte tourne autour de sa charnière, le bord inférieur, qui est d'équerre sur la charnière, reste toujours dans un même plan perpendiculaire à cette charnière ; quand la porte est bien construite, ce plan est celui du plancher.

Cette manière d'engendrer un plan est mise à profit

dans bien des circonstances. Supposons, par exemple, une roue ou un disque mobile autour d'un axe perpendiculaire à son plan ; il résulte visiblement du corollaire précédent que, dans le mouvement de rotation, le plan du disque ne changera pas, et que chaque point décrira une circonférence ayant son centre sur l'axe ; c'est pour cela que deux roues dentées dont les axes sont parallèles engrènent toujours de la même manière pendant leur rotation ; qu'une scie circulaire bien montée peut scier des bois suivant des faces planes ; c'est encore en vertu de ce principe qu'on peut employer le tour à dresser des plans, en maintenant l'outil tranchant dans une direction fixe perpendiculaire à l'axe de rotation.

20. Théorème. *Si d'un point* A, *pris hors d'un plan* M, *on lui mène la perpendiculaire* AB *et diverses obliques*,

1° *La perpendiculaire est plus courte que toute oblique ;*

2° *Deux obliques qui s'écartent également du pied de la perpendiculaire sont égales ;*

3° *De deux obliques qui s'écartent inégalement du pied de la perpendiculaire, celle qui s'en écarte le plus est la plus grande.*

1° Soit AC une oblique au plan M (fig. 21) ; je joins les pieds B et C de la perpendiculaire et de l'oblique ; la ligne AB, perpendiculaire au plan M, est perpendiculaire à BC ; et, par conséquent, AC est oblique à cette même ligne BC ; donc la ligne AB est plus courte que la ligne AC (Géom. pl., **82**) ; C. Q. F. D.

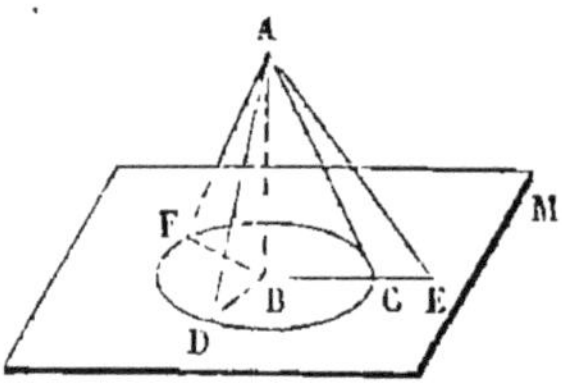

Fig. 21.

2° Soient AC et AD deux obliques également écartées du pied de la perpendiculaire, c'est-à-dire telles que BC soit égale à BD ; je dis que AC = AD. En effet, les deux triangles ABC, ABD sont rectangles en B ; ils ont, de plus, le côté AB commun, le côté BC égal au côté BD par hypothèse ; donc ils sont égaux (Géom. pl., **297**) ; et, par suite, AC = AD ; C. Q. F. D.

3° Soient AD et AE deux obliques inégalement écartées du pied B de la perpendiculaire, et supposons BD < BE; je dis que AD est plus courte que AE. En effet, je prends sur BE une longueur BC égale à BD, et je joins AC; les deux obliques AD et AC sont égales (2°); or, dans le plan ABE, AC et AE sont deux obliques à la ligne BE, et la première est la plus rapprochée du pied B de la perpendiculaire; donc AC est inférieure à AE (Géom. pl., **85**); et comme AD = AC, il en résulte que AD est plus petite que AE; C. Q. F. D.

21. Remarque. La perpendiculaire abaissée d'un point sur un plan est la ligne la plus courte qu'on puisse mener de ce point au plan; pour cette raison, on est convenu de prendre la longueur de cette perpendiculaire pour mesure de la *distance du point au plan*.

22. Corollaire. *Si du point* A *on mène des obliques égales* AC, AD, AF, *etc., au plan* M, *les pieds de toutes ces obliques sont sur une circonférence de cercle ayant pour centre le pied* B *de la perpendiculaire abaissée du point* A *sur le plan.*

Car ces obliques, étant égales, doivent être également écartées du pied de la perpendiculaire.

23. Problème. *D'un point* A *extérieur à un plan* M, *abaisser une perpendiculaire sur ce plan, sans employer l'équerre à trois branches* (fig. 21).

Au moyen d'un fil tendu, d'une tige solide ou d'un compas à verge, on marque dans le plan M trois points C, D, F, également distants du point A; on détermine ensuite le centre B de la circonférence passant par les points C, D, F (Géom. pl., **149**); la ligne AB sera la perpendiculaire demandée; cela est évident, en vertu du corollaire précédent.

24. Théorème. *Si, par le milieu* C *d'une droite* AB, *on mène un plan* M *perpendiculaire à cette droite,*

1° *Tout point pris dans ce plan est également distant des extrémités de la droite;*

2° *Tout point également distant des extrémités de la droite* AB *est situé dans le plan* M (fig. 22).

1° Soit D un point quelconque du plan M; je joins ce point aux points A, B et C; la droite AB, perpendiculaire au plan M, est perpendiculaire à la droite CD qui passe par son pied dans ce plan; alors dans le plan des trois points A, B, D, la droite CD est perpendiculaire au milieu de AB; donc DA = DB (Géom. pl., **75**); C. Q. F. D.

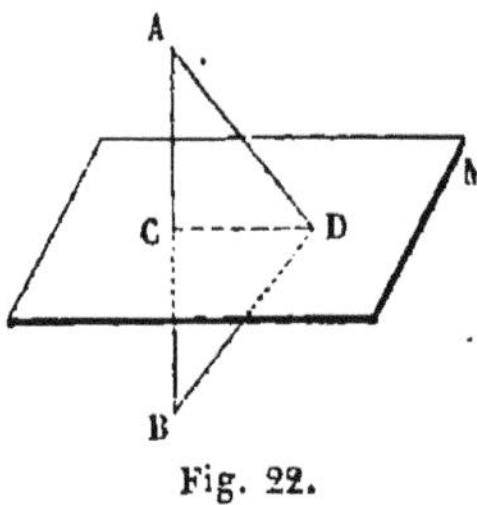

Fig. 22.

2° Supposons qu'un point D soit également distant des points A et B; je dis qu'il appartient au plan M, perpendiculaire à la droite AB en son milieu C. En effet, joignons DA, DB et CD; le triangle DAB est isocèle par hypothèse; donc, la ligne DC, qui joint le sommet de ce triangle au milieu de sa base, est perpendiculaire à cette base (Géom. pl., **284**); ainsi la ligne CD est perpendiculaire à AB, et par conséquent elle est contenue dans le plan M perpendiculaire à la ligne AB au point C (**18**); donc enfin le point D est contenu dans le plan M; C. Q. F. D.

Remarque. Le théorème précédent s'énonce plus brièvement ainsi :

Le plan perpendiculaire au milieu d'une droite est le lieu géométrique des points également distants des extrémités de cette droite.

25. Théorème. *Si du pied* P *d'une droite* OP, *perpendiculaire au plan* MN, *on abaisse une perpendiculaire sur une ligne droite* BC *de ce plan, toute ligne droite qui joint le pied* A *de cette seconde perpendiculaire à un point quelconque* O *de la première, est elle-même perpendiculaire à* BC (fig. 23).

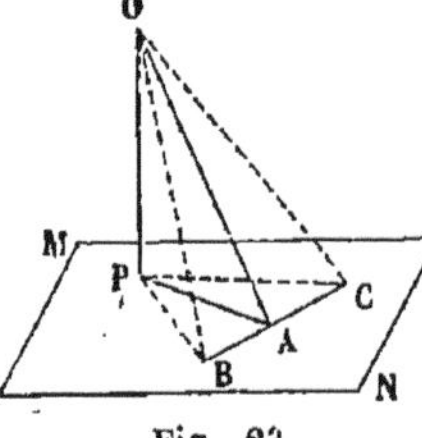

Fig. 23.

Je prends sur BC, de part et d'autre du point A, deux longueurs AB, AC égales entre elles, et je mène les droites PB, PC, OB et OC.

Dans le plan MN, PB et PC sont des obliques à BC, également écartées du pied A de la perpendiculaire PA ; donc PB = PC (Géom. pl., **85**). Alors les lignes OB et OC sont des obliques au plan MN également distantes du pied P de la perpendiculaire OP; donc elles sont égales (**21**), et le triangle OBC est isocèle; par conséquent la ligne OA, qui joint le sommet de ce triangle au milieu de sa base BC, est perpendiculaire à cette base; C. Q. F. D.

26. Corollaire. La droite BC, qui est perpendiculaire à la fois aux deux droites AP et AO, est perpendiculaire à leur plan, ou, ce qui est la même chose, au plan des deux lignes OP et PA. Donc, *si du pied* P *d'une perpendiculaire* OP *à un plan* MN, *on abaisse une perpendiculaire* PA *sur une droite* BC *de ce plan, le plan des deux perpendiculaires* OP *et* PA *est perpendiculaire à la droite* BC.

Remarque. Le théorème précédent est connu sous le nom de *théorème des trois perpendiculaires ;* nous en ferons de nombreuses applications.

27. Théorème. *Si deux lignes sont parallèles, tout plan perpendiculaire à l'une est perpendiculaire à l'autre.*

Soient AB et CD deux droites parallèles, MN un plan perpendiculaire à AB (fig. 24); je dis qu'il est aussi perpendiculaire à CD. En effet, le plan déterminé par les deux parallèles AB et CD rencontre le plan MN suivant la droite AC; or, la ligne AB, perpendiculaire au plan MN, est perpendiculaire à la droite AC qui passe par son pied dans ce plan ; donc CD, parallèle à AB, est aussi perpendiculaire à AC (Géom., pl., **96**). Par le point C, je mène dans le plan MN la ligne EF perpendiculaire à AC, et je joins le point C à un point quelconque B de la ligne AB; la ligne EF est alors perpendiculaire au plan des deux droites AB et AC (**26**), et par conséquent elle est perpendiculaire à la ligne CD qui passe par son pied dans ce plan. La ligne CD est donc perpendiculaire aux deux droites AC et EF qui

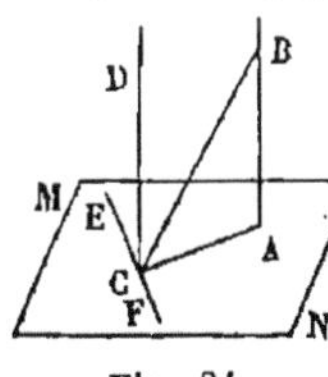

Fig. 24.

passent par son pied dans le plan MN; donc elle est perpendiculaire à ce plan; C. Q. F. D.

28. THÉORÈME. Réciproquement, *deux droites* AB *et* CD, *perpendiculaires à un même plan* M, *sont parallèles* (fig. 25).

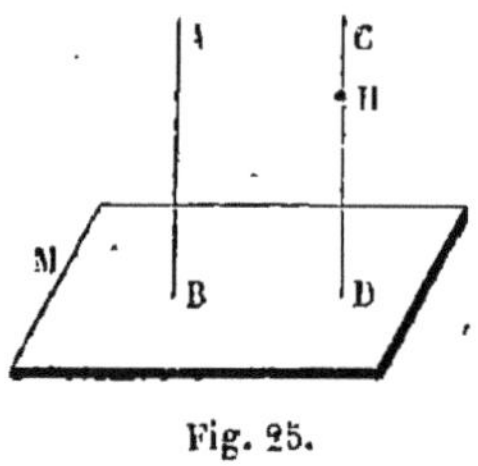

Fig. 25.

En effet, si d'un point quelconque H pris sur la ligne CD, on mène une parallèle à la ligne AB, elle sera perpendiculaire au plan M d'après le théorème précédent; or, du point H, on ne peut pas mener au plan M d'autre perpendiculaire que CD (**14**); donc CD est parallèle à AB; C. Q. F. D.

29. COROLLAIRE. *Deux droites* A *et* B, *parallèles à une troisième droite* C, *sont parallèles entre elles* (fig. 26).

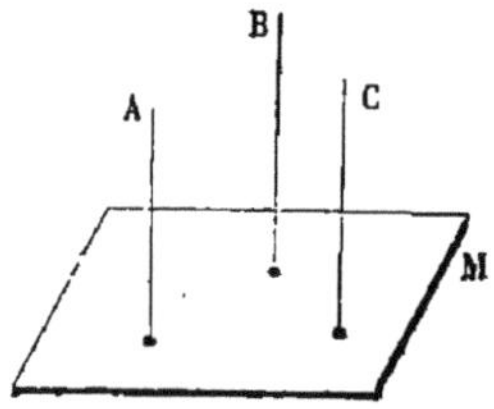

Fig. 26.

En effet, je mène un plan M perpendiculaire à la droite C; les droites A et B, étant, par hypothèse, parallèles à la droite C, sont toutes les deux perpendiculaires au plan M (**27**); donc elles sont parallèles (**28**); C. Q. F. D.

30. APPLICATIONS. *Des lignes verticales et des plans horizontaux.* Supposons qu'un fil flexible soit fixé par l'une de ses extrémités, et qu'on suspende à l'autre bout un corps pesant, on aura l'instrument connu sous le nom de *fil à plomb*. Lorsqu'un fil à plomb est au repos, il est dirigé suivant une droite qu'on appelle *ligne verticale*, ou simplement *verticale*. L'expérience démontre que deux verticales peu éloignées peuvent être considérées dans les applications comme rigoureusement parallèles : il n'en serait plus ainsi pour deux verticales distantes de quelques centaines de mètres, ainsi que nous le verrons plus tard.

Les lignes verticales sont en grand nombre dans toutes

nos constructions : les lignes d'intersection de deux murailles, les jambages des portes, des fenêtres, des cheminées, etc., sont ordinairement des lignes verticales. Dans les arts, ces lignes s'appellent des *lignes d'aplomb*.

31. On comprend alors qu'on ait besoin très-souvent de vérifier si une ligne est verticale; on emploie pour cela un petit instrument appelé *niveau de côté*. Il se compose d'une règle plate ABCD, dont les deux bords sont bien parallèles ; sur cette règle on a tracé à égale distance des deux bords une ligne EF qu'on appelle la *ligne de foi*; un fil à plomb est attaché en un point de cette ligne médiane. Pour voir au moyen de cet instrument si une ligne donnée est verticale, on applique le long de cette ligne l'un des bords AB de la règle, et on voit si le fil à plomb coïncide bien avec la ligne de foi; si cela a lieu, la ligne donnée est parallèle à une verticale, et par conséquent est verticale. Toutefois, pour que la vérification soit complète, il convient de retourner l'instrument et d'appliquer aussi son autre bord CD le long de la ligne donnée; il peut arriver en effet que le fil à plomb soit retenu sur la ligne de foi sans que la ligne AB soit verticale; cela aurait lieu si la partie supérieure était inclinée en arrière ; en essayant successivement avec les deux bords, on se mettra à l'abri de cette cause d'erreur.

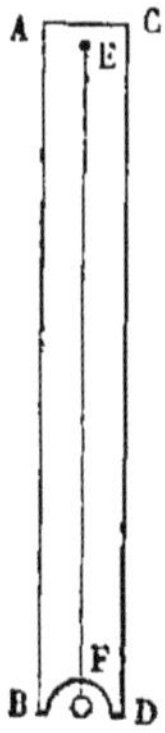

A C E F B D

Fig. 27.

32. On nomme *plan horizontal* tout plan perpendiculaire à la verticale. L'expérience prouve que la surface d'une eau tranquille est plane, et de plus qu'elle est perpendiculaire à la direction du fil à plomb ; cette surface est donc un plan horizontal. Les plans horizontaux se rencontrent aussi fréquemment dans nos constructions que les lignes verticales : les planchers, les plafonds de nos appartements, les tablettes de nos cheminées et de la plupart de nos meubles sont des plans horizontaux.

33. Toute droite menée dans un plan horizontal s'appelle une *horizontale*. D'après cette définition, *une horizontale et une verticale qui se coupent sont perpendiculaires;* car la verticale est perpendiculaire au plan horizontal, et par suite à toutes les horizontales qui passent par son pied dans ce plan. Réciproquement, *toute ligne perpendiculaire à une verticale est horizontale;* car elle est située dans un plan perpendiculaire à la verticale (**18**), c'est-à-dire dans un plan horizontal.

34. Il résulte de cette propriété qu'*un plan est horizontal, s'il contient deux horizontales;* car il contient alors deux perpendiculaires à la verticale; il est donc lui-même perpendiculaire à la verticale (**12**). C'est en s'appuyant sur cette propriété, qu'on peut reconnaître aisément si un plan est horizontal; les instruments qui servent à faire cette vérification portent le nom de *niveaux;* nous en décrirons deux, le *niveau de maçon* ou le *niveau à fil à plomb*, et le *niveau à bulle d'air*.

35. Le niveau de maçon se compose ordinairement de deux règles de bois d'égale longueur AB et BC assemblées en B (fig. 28), et reliées l'une à l'autre par une traverse MN, disposée de telle sorte que BM soit égale à BN; le triangle formé par les deux règles et la traverse est alors isocèle, et de plus la ligne AC est parallèle à MN; au sommet B est suspendu un fil à plomb, qui doit rencontrer la ligne MN en

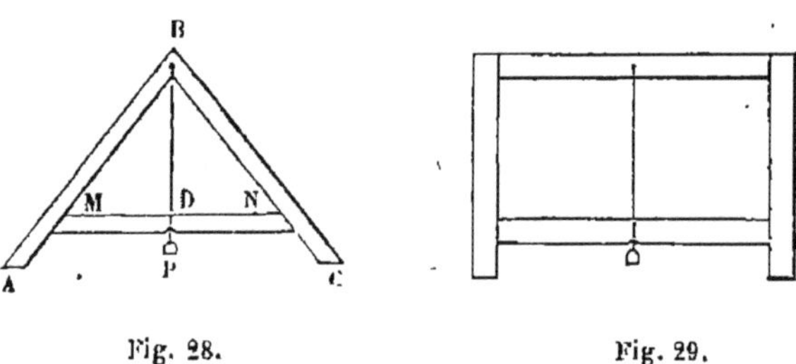

Fig. 28. Fig. 29.

son milieu, quand cette ligne ou sa parallèle AC est horizontale (Géom. pl., **284**); ce milieu est marqué d'un trait D.

Pour vérifier avec cet instrument si un plan est horizontal, on trace dans le plan deux droites qui se coupent ; on place successivement sur chacune d'elles les pieds A et C de l'instrument, et on voit si dans les deux positions le fil à plomb passe bien par le milieu de MN ; s'il en est ainsi, les deux droites tracées dans le plan sont horizontales, et, par conséquent, le plan lui-même est horizontal.

On donne souvent au niveau de maçon une forme rectangulaire, comme l'indique la figure 29 ; l'instrument peut alors servir en même temps d'équerre.

36. Le niveau à bulle d'air est un instrument beaucoup plus sensible que le niveau de maçon, et dont le principe est tout différent. Dans un tube de verre légèrement courbé vers le haut en son milieu, on a enfermé de l'eau et une bulle d'air ; l'expérience prouve que cette bulle se porte toujours dans la partie la plus élevée du tube. Cela posé, supposons ce tube fixé sur une règle que l'on place bien horizontalement ; la bulle d'air prendra dans le tube une place bien déterminée, et si l'on marque les extrémités de l'espace qu'elle occupe, on sera certain que, toutes les fois que la bulle aura la même position, la règle qui lui sert de support sera horizontale ; tel est le principe de cet instrument. Voici maintenant quelques détails sur sa construction. Le tube en verre est renfermé dans une monture en cuivre CD, percée d'une large ouverture ; le tout est fixé sur une règle ou *platine* en cuivre GH ; la surface supérieure du tube porte des divisions également distantes du milieu E, et l'instrument est réglé de manière que la bulle s'étende de part et d'autre du point E à des distances égales, quand la platine est horizontale. Pour vérifier avec cet instrument l'horizontalité d'un plan, on le pose sur le plan dans deux directions différentes, et on voit d'après la position de la bulle si dans les deux cas la règle GH est ho-

Fig. 30.

rizontale; si cela a lieu, le plan contient deux horizontales non parallèles, et par conséquent il est horizontal : c'est le moyen qu'il faut employer pour mettre la planchette de niveau (V. la Géom. pl., **412**). La sensibilité du niveau à bulle d'air est extrême : la plus légère inclinaison de la platine se manifeste par un déplacement très-notable de la bulle d'air.

37. Sur le terrain, on mène des lignes horizontales au moyen du *niveau d'eau*, déjà décrit dans la géométrie plane au n° **73**. Il se compose d'un tube en cuivre ACDB recourbé à ses deux extrémités, lesquelles portent chacune une fiole de verre ouverte; ce tube est soutenu en son milieu

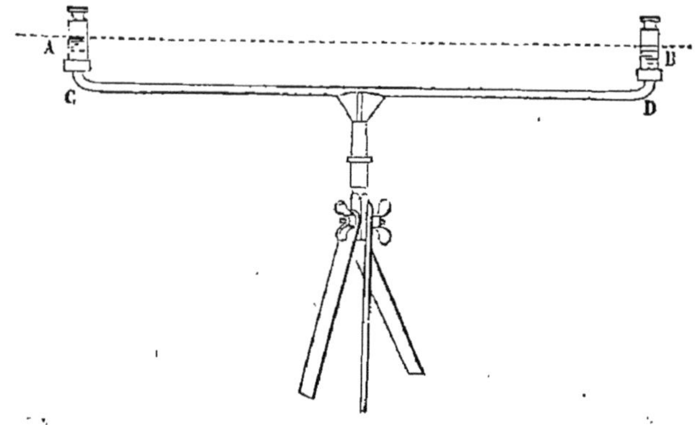

Fig. 31.

par un pied à trois branches, et on lui donne une position *sensiblement* horizontale; on y verse ensuite de l'eau colorée jusqu'à ce qu'elle s'élève dans les deux fioles; on sait par la physique que les surfaces du liquide dans ces deux fioles sont dans un même plan horizontal, de telle sorte que toute ligne qui les rase est horizontale.

Proposons-nous maintenant de mener sur le terrain une ligne horizontale dans une direction déterminée AB (fig. 33). On plante aux deux points A et B deux règles verticales qu'on appelle des *mires*; chacune d'elles est munie d'une plaque carrée MNPQ (fig. 32), peinte de deux couleurs, qui peut glisser le long de la mire, et être fixée à une hauteur quelconque; cette plaque porte le nom de *voyant*, et la ligne HK, qui est perpendiculaire à la mire, s'appelle la *ligne de foi*. On place ensuite le niveau en un point C situé entre les points A et B (fig. 33), et l'observateur vise successivement les deux mires de manière que son rayon visuel rase les niveaux du liquide dans les deux branches; un aide, placé à chaque mire, élève ou abaisse le voyant, d'après les indications que lui donne l'observateur, jusqu'à ce que la ligne de foi soit dans le plan horizontal que détermine le niveau du liquide dans l'instrument. On obtient ainsi sur chaque mire deux points *a* et *b* qui sont sur une même ligne horizontale. Dans la pratique, on

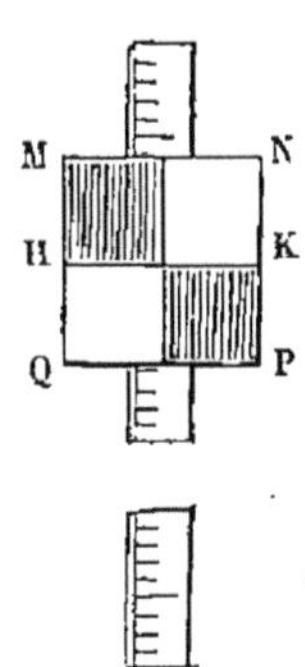

Fig. 32.

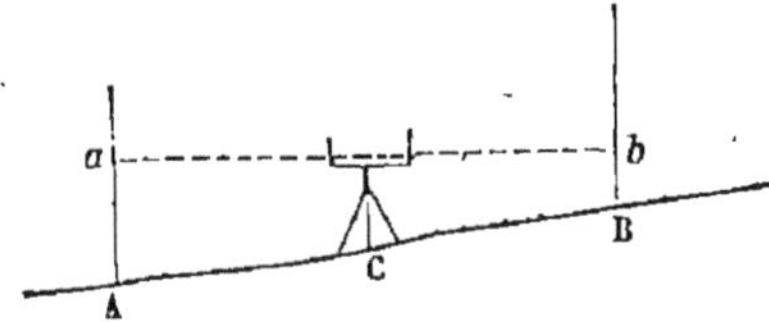

Fig. 33.

opère un peu plus simplement; la méthode suivie sera exposée avec détail dans le cours de nivellement (4e année).

38. On peut appliquer aux plans horizontaux et aux lignes verticales toutes les propriétés que nous avons établies sur les plans et les droites perpendiculaires. Ainsi, *par un point donné, on peut toujours mener un plan horizontal et on n'en peut mener qu'un. — Le plus court chemin d'un point à un point horizontal est dirigé suivant la verticale.*

Lignes et plans parallèles.

39. Définition. Une droite et un plan sont *parallèles* lorsqu'ils ne se rencontrent jamais, quelque loin qu'on les prolonge.

40. THÉORÈME. *Toute droite* AB, *parallèle à une droite* CD *située dans un plan* M, *est parallèle à ce plan, ou y est contenue tout entière* (fig. 34).

En effet, je mène un plan par les deux parallèles AB et CD (**6**), et je suppose d'abord que ce plan ne coïncide pas avec le plan M; il le coupe alors suivant la droite CD; or la droite AB, qui est contenue tout entière dans le plan ABCD ne pourrait rencontrer le plan M qu'en un point de l'intersection CD des deux plans; et comme, par hypothèse, elle est parallèle à CD, elle ne peut avoir aucun point commun avec le plan M; elle est donc parallèle à ce plan; C. Q. F. D.

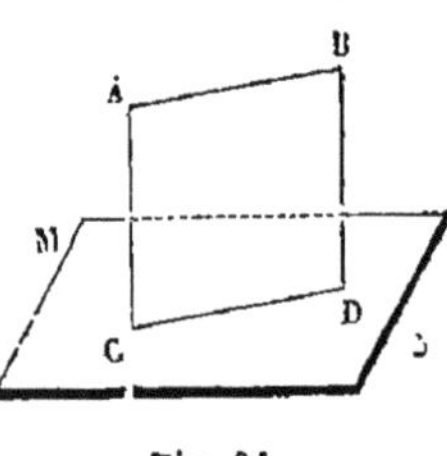

Fig. 34.

Si le plan ABCD coïncidait avec le plan M, la droite AB serait contenue elle-même dans le plan M.

41. COROLLAIRE. Le théorème précédent peut encore s'énoncer ainsi : *Lorsque deux droites sont parallèles, tout plan mené par l'une d'elles est parallèle à l'autre, ou la contient tout entière.*

42. THÉORÈME. *Si par une droite* AB *parallèle à un plan* M, *on mène un autre plan* ABCD, *qui coupe le premier, l'intersection* CD *des deux plans sera parallèle à la droite* AB (fig. 34).

En effet, les deux droites AB et CD sont dans un même plan; de plus, elles ne peuvent se rencontrer, puisque la droite CD est contenue dans le plan M, et que AB est parallèle à ce plan; donc elles sont parallèles; C. Q. F. D.

43. THÉORÈME. *Si une droite* AB *est parallèle à un plan* M, *et que par un point* C *de ce plan on mène une droite* CD *parallèle à* AB, *elle est contenue dans le plan* M (fig. 34).

En effet, si par la droite AB et le point C on fait passer un plan, il coupera le plan M suivant une parallèle à AB (**42**);

or, par le point C, on ne peut mener qu'une parallèle à AB (**6**), et cette parallèle est la droite CD; donc la droite CD est contenue dans le plan M; C. Q. F. D.

44. COROLLAIRE. *L'intersection de deux plans parallèles à une même droite, est parallèle à cette droite.*

Car si par un point de l'intersection des deux plans, on mène une parallèle à la droite donnée, elle sera contenue dans chacun de ces plans en vertu du théorème précédent; donc ce sera leur intersection.

En particulier, *si par deux droites parallèles on mène deux plans qui se coupent, leur intersection sera parallèle à ces deux droites.*

45. APPLICATIONS. Les propositions qui précèdent sont d'un usage fréquent dans l'art du dessin; on en tire plusieurs conséquences qu'il suffit d'énoncer :

Lorsqu'une droite est parallèle au plan du tableau, sa perspective est une droite qui lui est parallèle (**42**).

Lorsque deux droites sont parallèles entre elles sans être parallèles au plan du tableau, les perspectives de toutes ces droites concourent en un même point qui est le point de rencontre du plan du tableau avec la parallèle aux droites données, menée par l'œil du spectateur (**44**).

46. DÉFINITION. Deux plans sont dits *parallèles* lorsque, prolongés indéfiniment dans tous les sens, ils n'ont aucun point commun.

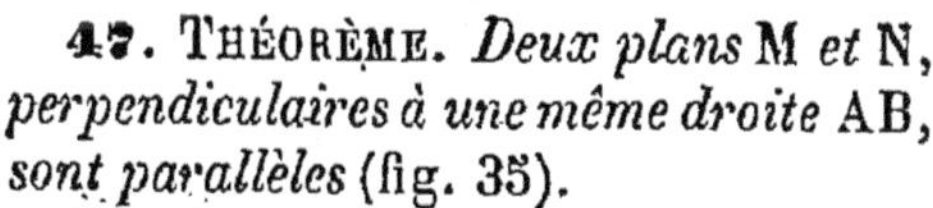

Fig. 35.

47. THÉORÈME. *Deux plans* M *et* N, *perpendiculaires à une même droite* AB, *sont parallèles* (fig. 35).

Ces deux plans ne peuvent avoir aucun point commun, puisque d'un même point on ne peut mener qu'un plan perpendiculaire à la droite AB (**14**).

48. APPLICATION. *Deux plans horizontaux sont parallèles.*

Ainsi le plancher et le plafond d'un appartement, qui sont des plans horizontaux, sont parallèles. Les deux meules d'un moulin à farine présentent deux faces planes bien dressées entre lesquelles est broyé le grain ; ces plans sont tous les deux perpendiculaires à l'axe de rotation qui est vertical; donc ce sont deux plans horizontaux parallèles. Lorsqu'on met dans un même vase deux liquides différents qui ne se mélangent pas, comme de l'eau et de l'huile, la surface de niveau et la surface de séparation des deux liquides sont de même deux plans horizontaux parallèles.

49. THÉORÈME. *Les intersections* AB *et* CD *de deux plans parallèles* M *et* N *par un troisième plan* P *sont parallèles* (fig. 36).

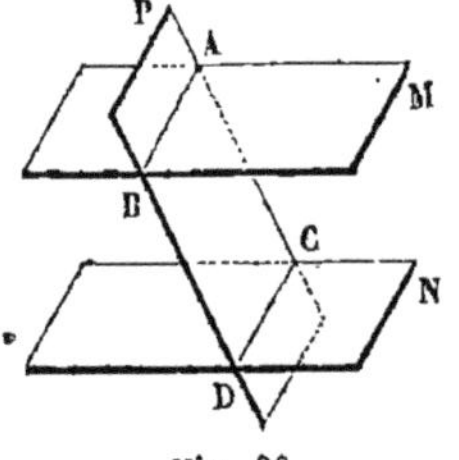

Fig. 36.

En effet, ces deux droites sont contenues dans un même plan P, et de plus elles ne peuvent pas se rencontrer, puisque l'une d'elles est située dans le plan M, et l'autre dans le plan N, et que ces deux plans sont parallèles; donc enfin ces deux droites sont parallèles (Géom. pl., **90**); C. Q. F. D.

50. THÉORÈME. *Si deux plans sont parallèles, toute ligne droite perpendiculaire à l'un d'eux est aussi perpendiculaire à l'autre.*

Soient EF et GH deux plans parallèles, et AB une droite perpendiculaire au premier ; je dis qu'elle est aussi perpendiculaire à l'autre. En effet, par le point B, où la droite AB rencontre le plan GH, je mène dans ce plan une droite quelconque BD, et je conduis le plan des deux droites AB et BD; ce plan coupe le plan EF suivant une droite AC, qui est parallèle à BD, en vertu du théorème précédent. Or la droite AB, perpendiculaire au plan EF, est perpendiculaire à la droite AC qui passe par

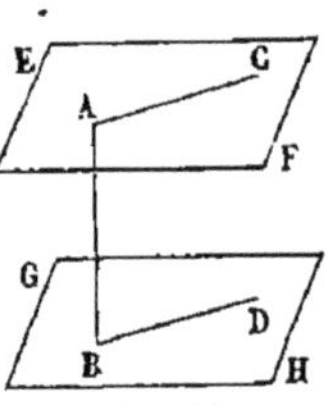

Fig. 37.

son pied dans ce plan; donc elle est aussi perpendiculaire à la droite BD qui est parallèle à AC (Géom. pl., **96**); la droite AB est donc perpendiculaire à toute droite menée par son pied dans le plan GH; par conséquent, elle est perpendiculaire à ce plan; C. Q. F. D.

51. COROLLAIRE. *Deux plans* M *et* N, *parallèles à un troisième plan* P, *sont parallèles entre eux.*

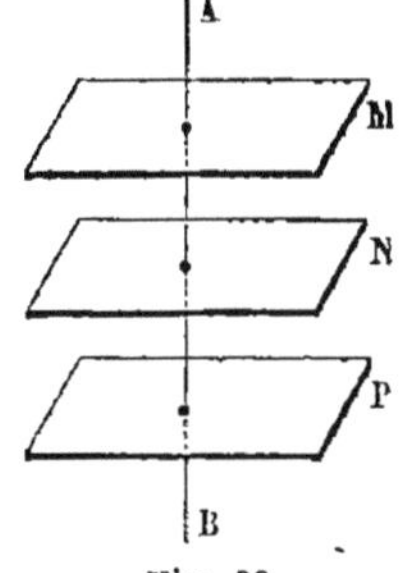

Fig. 38

Je mène une droite quelconque AB, perpendiculaire au plan P; d'après le théorème précédent, cette droite sera perpendiculaire à chacun des plans M et N; ces deux plans, étant tous les deux perpendiculaires à une même droite AB, sont parallèles (**47**); C. Q. F. D.

52. THÉORÈME. *Par un point* A, *donné hors d'un plan* N, *on peut toujours lui mener un plan parallèle, et on n'en peut mener qu'un.*

En effet, j'abaisse du point A la perpendiculaire AB sur le plan donné N, et, par ce même point A, je mène un plan M perpendiculaire à AB; ce plan sera parallèle au plan N, en vertu du théorème du n° **47**. Je dis de plus que, par le point A, on ne peut pas mener d'autre plan parallèle au plan donné N; en effet, tout plan parallèle au plan N est perpendiculaire à AB (**50**); or, par le point A, on ne peut mener qu'un plan perpendiculaire à AB; donc par ce point on ne peut aussi mener qu'un plan parallèle au plan N; C. Q. F. D.

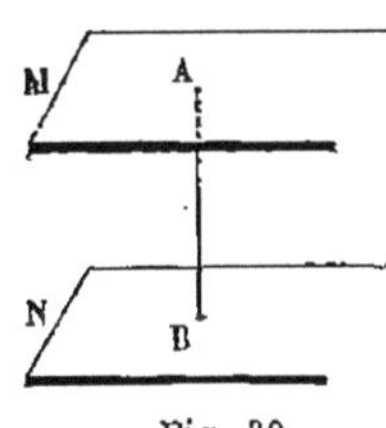

Fig. 39.

53. THÉORÈME. *Les portions de deux droites parallèles, comprises entre deux plans parallèles, sont égales.*

Soient AC et BD deux parallèles comprises entre les plans parallèles EF et GH (fig. 40); par ces deux droites je fais passer un plan qui coupe les plans EF et GH suivant des droites parallèles AB et CD (**49**); la figure ABDC est donc un parallélogramme, et par conséquent les côtés opposés AC et BD sont égaux (Géom. pl., **108**); C. Q. F. D.

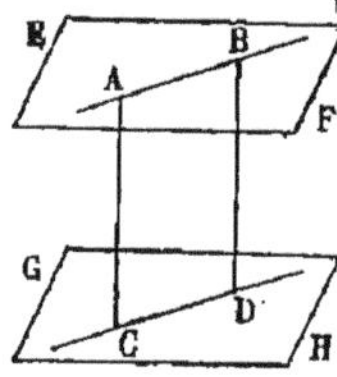

Fig. 40.

54. Corollaire. *Deux plans parallèles* M *et* N *sont partout également distants* (fig. 41).

Si de deux points quelconques A et B pris dans l'un de ces plans j'abaisse des perpendiculaires AC et BD sur l'autre, ces lignes seront parallèles (**28**), et par suite, en vertu du théorème précédent, elles seront égales; or ces lignes mesurent les distances de deux points quelconques A et B du plan M à l'autre plan (**21**); donc les deux plans sont partout à égale distance; C. Q. F. D.

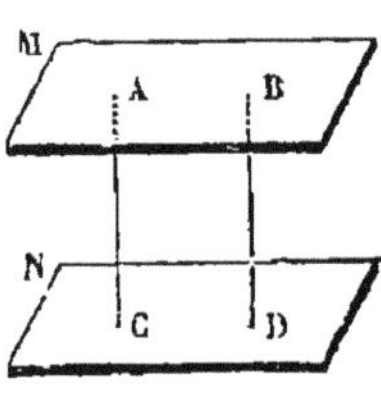

Fig. 41.

55. Applications. Le théorème qui précède et son corollaire nous fournissent un nouveau mode de génération du plan, qui est mis à profit dans plusieurs machines. Il résulte en effet clairement de ce théorème que si de tous les points d'un plan on mène des droites de même longueur, parallèles à une direction fixe, leurs extrémités seront toutes dans un même plan parallèle au premier.

Comme application, je citerai d'abord les machines à *raboter* ou à *planer* les métaux; on leur donne une foule de dispositions plus ou moins avantageuses; le plus ordinairement l'outil destiné à entamer la pièce de métal que l'on veut raboter, est un burin d'acier fixé sur un chariot; ce chariot lui-même glisse sur un plan de telle manière que, pendant le mouvement, le burin se déplace parallèlement à lui-même; sa pointe décrit alors un plan en vertu du théorème précédent, et la surface de la pièce métallique soumise à son action est ainsi rendue exactement plane.

Ces machines à planer sont aujourd'hui très-employées : on en trouve dans tous les ateliers de construction. Des rabots mécaniques fondés sur le même principe ont été imaginés aussi pour travailler le bois; mais ils ne sont pas encore généralement adoptés.

Je mentionnerai encore la *scie à receper* les pieux sous l'eau ; lorsqu'on veut faire une construction sur pilotis, on enfonce dans le sol qui forme le lit de la rivière un grand nombre de pieux ou *pilots* dont les têtes doivent ensuite être coupées à la même hauteur, de manière que les extrémités soient toutes dans un même plan horizontal; c'est ce qu'on appelle *receper* les pieux. Pour y arriver, on emploie une scie dont la lame est tendue entre deux poutres parallèles d'égale longueur; les extrémités supérieures de ces poutres sont elles-mêmes reliées par une traverse qui peut se mouvoir sur deux madriers parallèles placés à la même hauteur au-dessus de la surface de l'eau. Il résulte de cette disposition que les poutres resteront toujours parallèles à elles-mêmes, et que leurs extrémités supérieures seront toujours dans le même plan horizontal; par conséquent, il en sera de même de leurs extrémités inférieures en vertu du principe précédent; et la lame de la scie qui réunit les bouts inférieurs de ces deux pièces de bois décrira dans son mouvement un plan parallèle à celui que déterminent les deux madriers fixes; par conséquent, les têtes des pieux qu'elle coupera successivement seront bien dans un même plan horizontal.

56. Théorème. *Deux angles* BAC, EDF, *qui ont les côtés parallèles et dirigés dans le même sens, sont égaux, et leurs plans sont parallèles* (fig. 42).

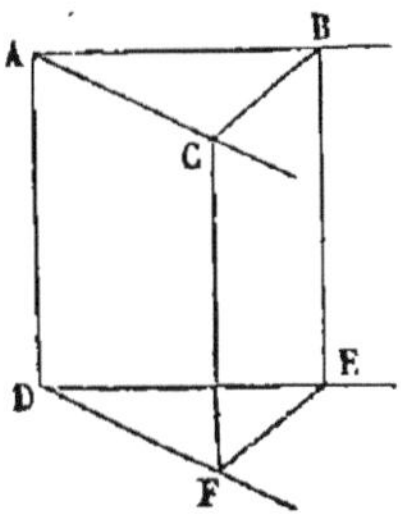

Fig. 42.

Sur les côtés parallèles AB et DE des deux angles, je prends deux longueurs égales, AB = DE; je prends de même sur les autres côtés deux longueurs égales, AC = DF ; puis je joins AD, BE, CF, BC et EF. Le quadrilatère ABED a ses côtés opposés

AB, DE égaux et parallèles; donc ce quadrilatère est un parallélogramme (Géom. pl., **341**), et par conséquent les autres côtés AD et BE sont aussi égaux et parallèles. Pour la même raison, les deux lignes AD et CF sont égales et parallèles; d'où il résulte que les lignes BE et CF, égales et parallèles à une même ligne AD, sont égales et parallèles (**29**); la figure BEFC est donc un parallélogramme, et BC = EF. Les deux triangles ABC, DEF ont alors les trois côtés égaux chacun à chacun; par conséquent les angles BAC, DEF sont égaux; C. Q. F. D.

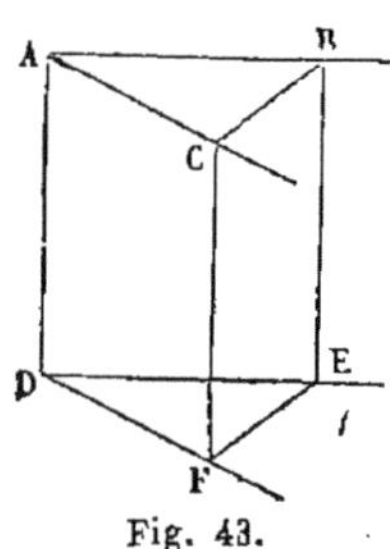

Fig. 43.

Je dis de plus que les plans de ces deux angles sont parallèles; en effet, menons par le point D un plan parallèle au plan ABC; il interceptera sur les parallèles AD, BE, CF des longueurs égales (**53**); donc il passera par les points E, F : en d'autres termes, ce sera le plan de l'angle EDF; C. Q. F. D.

57. COROLLAIRE I. *Deux angles qui ont les côtés parallèles et dirigés en sens contraire sont égaux; et deux angles qui ont deux côtés parallèles et dirigés dans le même sens, et les deux autres parallèles et dirigés en sens contraire, sont supplémentaires.*

Même démonstration qu'en Géométrie plane, nos **106** et **107**.

58. COROLLAIRE II. *Si par un point* D *pris hors d'un plan* ABC, *on mène deux droites* DE, DF *parallèles à ce plan, le plan* DEF *mené par ces deux droites est parallèle au plan* ABC (fig. 43).

En effet, si par un point A du plan ABC on mène des parallèles aux droites DE et DF, elles seront contenues dans le plan ABC (**45**), et nous serons alors ramenés au théorème précédent.

Il résulte de là que, *si d'un point on mène à un plan autant de parallèles qu'on voudra, elles seront toutes contenues dans un même plan parallèle au premier.*

59. Application. *Toute droite parallèle à un plan horizontal est horizontale ;* car elle est contenue dans un plan parallèle au plan horizontal donné, c'est-à-dire dans un autre plan horizontal.

60. Théorème. *Trois plans parallèles* M, N, P *interceptent sur deux droites qu'ils rencontrent des segments proportionnels* (fig. **44**).

Soient ABC, DEF deux droites qui rencontrent les plans parallèles M, N, P, la première aux points A, B et C ; la seconde, aux points D, E et F ; on a la proportion :

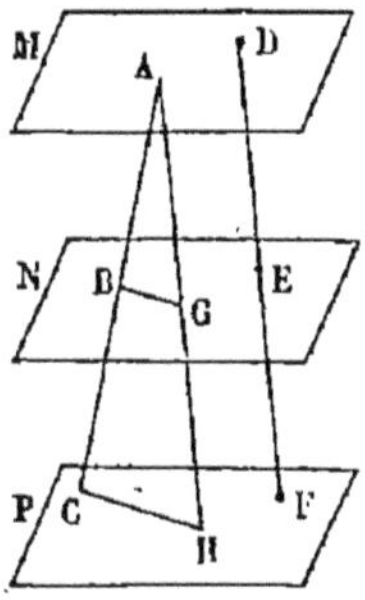

$$\frac{AB}{DE}=\frac{BC}{EF}.$$

Fig. 44.

En effet, par le point A, je mène une parallèle AH à la droite DF ; elle perce le plan N au point G et le plan P au point H ; conduisons le plan des deux droites AC et AH ; il coupera les plans parallèles N et P suivant des droites BG et CH qui seront parallèles (**49**) ; par suite, en vertu d'un théorème connu (Géom. pl., **120**), nous aurons la proportion :

$$\frac{AB}{AG}=\frac{BC}{GH};$$

d'ailleurs les droites parallèles AG, DE, comprises entre les plans parallèles M et N, sont égales (**55**), et GH est égale à EF pour la même raison ; nous pouvons donc remplacer dans la proportion précédente les lignes AG et GH par les lignes égales DE et EF, et nous avons alors :

$$\frac{AB}{DE}=\frac{BC}{EF};$$

C. Q. F. D.

Des angles dièdres.

61. Définition. On appelle *angle dièdre* ou simplement

dièdre la figure formée par deux plans qui se coupent et qui sont limités à leur intersection commune. Les deux plans s'appellent les *faces* de l'angle dièdre, et leur intersection s'appelle l'*arête* de l'angle dièdre. Un livre ouvert peut donner une idée d'un angle dièdre.

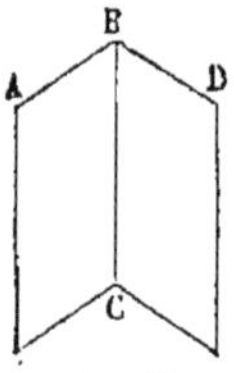

Fig. 45.

On désigne un angle dièdre par quatre lettres, deux sur l'arête et une dans chaque face, en mettant les deux lettres de l'arête au milieu : on peut aussi le désigner seulement par les deux lettres de l'arête, pourvu qu'il n'y ait pas de confusion possible; ainsi on dira : le dièdre ABCD, ou simplement le dièdre BC.

62. Considérons un plan fixe MN, et une droite AB située dans ce plan ; par cette droite faisons passer un plan mobile Q, et supposons que ce plan, d'abord appliqué sur la partie ABN du plan fixe tourne autour de AB dans le sens de la flèche ; nous dirons alors que le plan mobile forme avec le plan ABN un angle dièdre de plus en plus grand ; ainsi, par définition, le dièdre PABN est plus grand que le dièdre QABN. Un angle dièdre peut donc être considéré comme une grandeur, et, à ce point de vue, nous donnerons de l'angle dièdre cette nouvelle définition : *un angle dièdre est l'inclinaison plus ou moins grande de deux plans qui se coupent.*

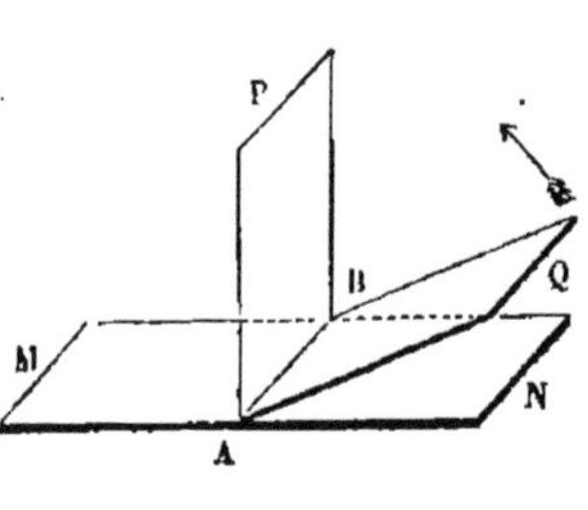

Fig. 46.

Il résulte de cette définition que la grandeur d'un angle dièdre ne dépend pas de la grandeur de ses faces ; elle ne dépend que de leur écartement ; on devra donc toujours supposer que les faces soient prolongées indéfiniment à partir de l'arête.

Deux angles dièdres sont *égaux*, lorsqu'on peut les superposer de manière que les faces de l'un d'eux coïncident avec les faces de l'autre : leurs arêtes coïncideront aussi l'une avec l'autre.

Deux angles dièdres sont dits *adjacents*, lorsqu'ils ont même arête, une face commune, et qu'ils sont situés de côtés différents de cette face ; tels sont les dièdres CABD, DABE (fig. 47).

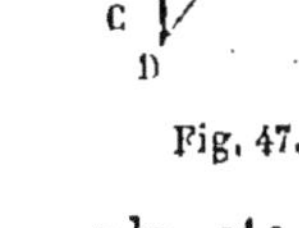

Fig. 47.

Pour ajouter deux angles dièdres, on les place à côté l'un de l'autre de manière qu'ils soient adjacents ; l'angle dièdre formé par les deux faces extérieures est la somme des deux autres ; ainsi l'angle dièdre CABE est la somme des dièdres CABD, DABE.

Un angle dièdre est double, triple, quadruple, etc., d'un autre, quand il est la somme de deux, trois, quatre, etc., angles dièdres égaux à cet autre. De même un angle dièdre est les $\frac{3}{5}$ d'un autre, quand il contient trois fois la cinquième partie de cet autre ; et ainsi de suite. On peut donc prendre le rapport de deux angles dièdres, et par conséquent on peut mesurer les angles dièdres, en cherchant leur rapport à un angle dièdre fixe choisi comme unité. Nous allons montrer comment on peut ramener la mesure d'un angle dièdre à celle d'un angle plan convenablement choisi.

63. On nomme *angle plan correspondant à un dièdre*, l'angle formé par deux perpendiculaires élevées à l'arête

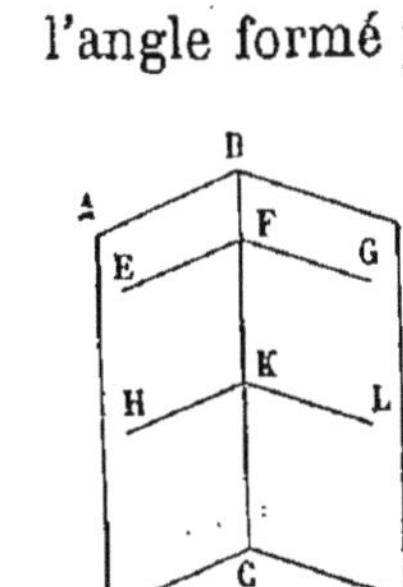

Fig. 48.

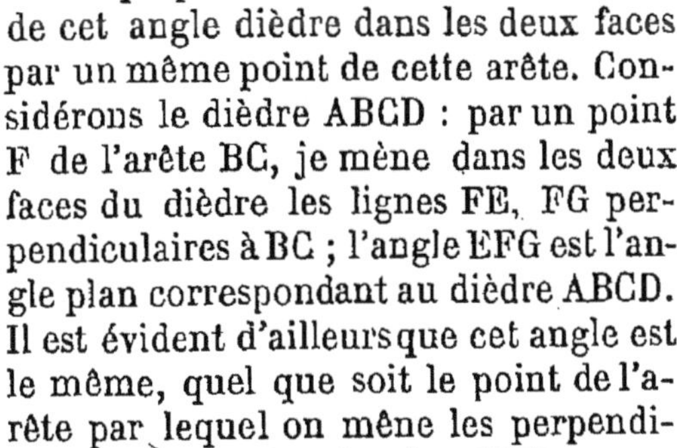
de cet angle dièdre dans les deux faces par un même point de cette arête. Considérons le dièdre ABCD : par un point F de l'arête BC, je mène dans les deux faces du dièdre les lignes FE, FG perpendiculaires à BC ; l'angle EFG est l'angle plan correspondant au dièdre ABCD. Il est évident d'ailleurs que cet angle est le même, quel que soit le point de l'arête par lequel on mène les perpendi-

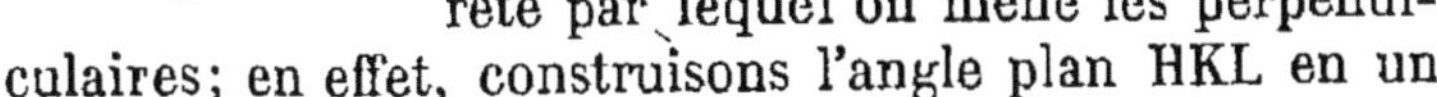
culaires ; en effet, construisons l'angle plan HKL en un

autre point K de l'arête BC ; les deux droites EF, HK, perpendiculaires à la droite BC dans un même plan ABC, sont parallèles (Géom. pl., **89**) ; pour la même raison, KL est parallèle à FG : donc les deux angles EFG, HKL ont les côtés parallèles et dirigés dans le même sens, et par conséquent ils sont égaux (**56**).

Remarquons encore qu'on pourrait obtenir l'angle plan correspondant à un dièdre en coupant ce dièdre par un plan perpendiculaire à son arête ; car le plan EFG est perpendiculaire à AB (**12**).

64. Théorème. 1° *Si deux angles dièdres sont égaux, les angles plans qui leur correspondent sont égaux.*

2° *Deux angles dièdres sont égaux si les angles plans qui leur correspondent sont égaux.*

1° Considérons deux dièdres égaux CABD, IGHK, et supposons que leurs angles plans soient les angles CBD et IHK ; si nous superposons les deux dièdres égaux, ces angles plans correspondront alors au même dièdre ; donc ils sont égaux (**63**).

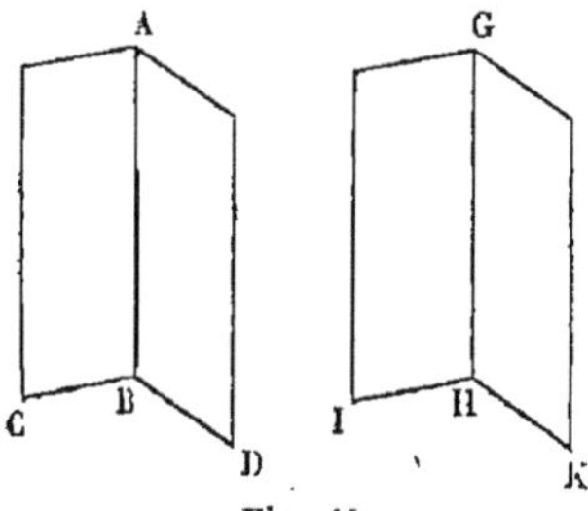

Fig. 49.

2° Supposons maintenant que les deux dièdres CABD, IGHK aient des angles plans égaux, CBD = IHK ; je dis que les dièdres eux-mêmes seront égaux. En effet, transportons le dièdre IGHK sur le dièdre CABD, de manière que l'angle IHK s'applique sur l'angle égal CBD ; la droite HG, perpendiculaire au plan IHK, prendra la direction de la droite AB, perpendiculaire au plan CBD (**14**) ; le plan IHG coïncidera avec le plan CBA, puisque les droites IH et HG sont respectivement appliquées sur les droites CB et BA (**3**), et le plan KHG coïncidera avec le plan DBA par la même raison ; donc les deux dièdres sont égaux ; C. Q. F. D.

65. Théorème. *Le rapport de deux angles dièdres est le même que celui de leurs angles plans.*

Soient CABD, GEFH deux angles dièdres, CAD et GEH les angles plans correspondants; je suppose que le rapport de ces angles plans soit $\frac{3}{2}$ par exemple; je dis que les deux angles dièdres seront dans le même rapport. En effet, je divise l'angle plan GEH en deux parties égales; l'angle CAD contiendra trois de ces parties, puisqu'il vaut trois fois la moitié de l'angle GEH. Par les lignes de division de ces deux angles, et par les arêtes des angles dièdres correspondants, je fais passer des plans, comme l'indique la figure; l'angle dièdre GEFH sera divisé en deux angles dièdres, et le dièdre CABD sera divisé en trois angles dièdres; de plus, tous ces petits angles dièdres seront égaux entre eux, puisque leurs angles plans sont égaux (**64**). Il résulte de là que le dièdre CABD vaut trois fois la moitié du dièdre GEFH; en d'autres termes, le rapport des deux dièdres est $\frac{3}{2}$, comme celui de leurs angles plans; C. Q. F. D.

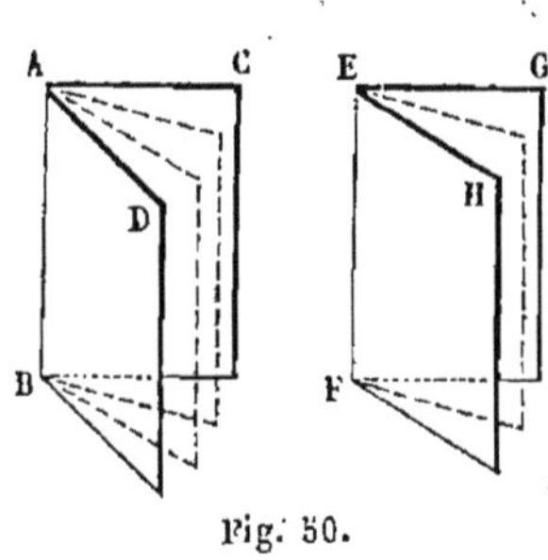

Fig. 50.

66. Théorème. *La mesure d'un angle dièdre est égale à la mesure de son angle plan, pourvu qu'on choisisse comme unité d'angle dièdre l'angle dièdre qui correspond à l'angle plan pris comme unité.*

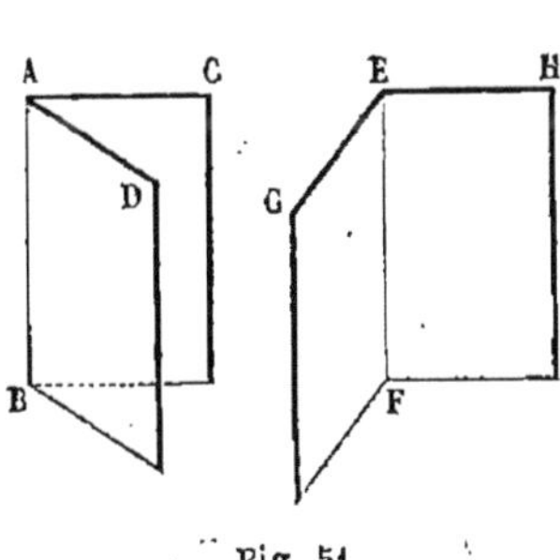

Fig. 51.

Supposons qu'on veuille mesurer l'angle dièdre CABD, et soit GEFH le dièdre choisi comme unité; je construis les angles plans CAD, HEG, qui correspondent à ces deux angles dièdres; l'angle HEG sera, d'après l'hypothèse, l'unité d'angle plan. Cela posé, la mesure de l'angle dièdre CABD est exprimée par le rapport de ce dièdre CABD à l'unité d'angle dièdre, c'est-à-dire par le rapport $\frac{\text{CABD}}{\text{GEFH}}$; de même la mesure de l'angle plan CAD est exprimée par le rapport $\frac{\text{CAD}}{\text{GEH}}$; ces deux rapports sont égaux en vertu du théorème précédent; donc la mesure du dièdre CABD est la même que celle de son angle plan; C. Q. F. D.

67. COROLLAIRE. Si nous convenons d'appeler *angle dièdre* de 1°, 1', 1", l'angle dièdre qui correspond à un angle plan de 1°, 1', 1", nous pourrons évaluer les angles dièdres en degrés, minutes et secondes comme les angles plans. Ainsi l'angle dièdre de 70° vaudra 70 fois l'angle dièdre de 1°; en d'autres termes, son angle plan sera un angle de 70°. Lorsque deux angles dièdres sont ainsi exprimés en degrés, minutes et secondes, on trouve leur rapport comme on le fait pour deux angles plans (Géom. pl., 55).

REMARQUE. Le théorème précédent s'énonce habituellement ainsi :

Un angle dièdre a pour mesure son angle plan.

68. DÉFINITIONS. On appelle *angle dièdre droit* l'angle dièdre qui correspond à un angle plan droit.

Un angle dièdre est *aigu* ou *obtus*, suivant qu'il est plus petit ou plus grand qu'un angle dièdre droit.

On prend souvent pour unité d'angle dièdre l'angle dièdre droit; il faut alors prendre pour unité d'angle plan l'angle plan droit.

Deux dièdres sont dits *complémentaires* quand leur somme vaut un dièdre droit, *supplémentaires* quand leur somme vaut deux dièdres droits.

Deux angles dièdres sont *opposés par l'arête* quand les faces de l'un d'eux sont les prolongements des faces de l'autre au delà de l'arête : tels sont les dièdres EABD, CABF (fig. 53).

69. THÉORÈME. *Lorsqu'un plan en rencontre un autre, il forme avec lui deux angles dièdres adjacents supplémentaires; et réciproquement, si deux angles dièdres adjacents sont supplémentaires, leurs faces extérieures sont le prolongement l'une de l'autre.*

1° Soit ABE un plan qui rencontre un autre plan CAD suivant la ligne AB. Au point B, je mène dans le plan CAD la ligne CD perpendiculaire à AB, et dans le plan ABE, la ligne BE, aussi perpendiculaire à AB; les deux angles CBE, DBE sont les angles plans des dièdres CABE, DABE; or la somme de ces deux angles plans est égale à deux angles droits (Géom. pl., **61**); donc la somme des deux dièdres qu'ils mesurent est aussi égale à deux dièdres droits (**66**); C. Q. F. D.

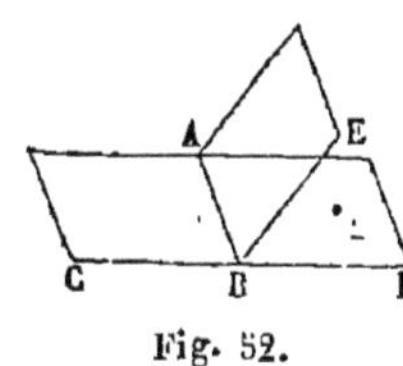

Fig. 52.

2° Je suppose en second lieu que les deux dièdres adjacents CABE, DABE soient supplémentaires; je dis que le plan DAB est le prolongement du plan CAB. En effet, par le point B, je mène un plan perpendiculaire à la ligne AB; il coupe les trois plans CAB, EAB, DAB suivant les droites BC, BE, BD qui forment entre elles les angles plans des deux dièdres adjacents; or ces dièdres sont supplémentaires par hypothèse; donc aussi les angles plans CBE, DBE qui les mesurent sont supplémentaires, et comme les trois droites BC, BE, BD sont dans un même plan, il résulte d'un théorème de la géométrie plane que BD est le prolongement de CB (Géom. pl., **64**); par suite le plan des deux droites AB et BD est le prolongement du plan ABC (**5**); C. Q. F. D.

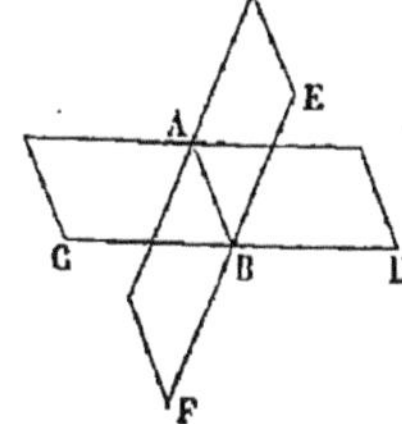

Fig. 53.

70. THÉORÈME. *Deux dièdres opposés par l'arête sont égaux.*

Considérons les deux dièdres CABF, DABE opposés par l'arête; par un point B de l'arête commune AB, je mène les lignes CD et EF perpendiculaires à cette arête dans les deux plans CAD, EAF; je forme ainsi les angles plans CBF, DBE qui mesurent les deux dièdres; or ces deux angles plans sont égaux, comme opposés par le sommet (Géom. pl., **65**); donc il en est de même des deux angles dièdres (**64**); C. Q. F. D.

71. APPLICATIONS. I. On a souvent besoin, dans les arts industriels, de faire des angles dièdres égaux et de mesurer des angles dièdres. Un grand nombre d'assemblages employés dans la charpente se font en entaillant des pièces de bois de manière que les angles dièdres saillants de l'une soient égaux aux dièdres rentrants de l'autre; citons, par exemple, l'assemblage à *trait de Jupiter* représenté en profil sur la figure, l'assemblage en *queue d'hironde*, dont nous avons déjà parlé et une foule d'autres, qu'on peut observer dans les charpentes de nos habitations. Dans la coupe des pierres, on a souvent aussi à faire des angles dièdres égaux, et à mesurer des angles dièdres. L'instrument dont se servent les charpentiers, les menuisiers, les tailleurs de pierres, n'est autre que la fausse équerre, dont nous avons déjà parlé (Géom. pl., **48**); il se compose de deux règles assemblées à charnière comme les deux branches d'un compas. Si l'on veut mesurer avec cet instrument un angle dièdre en se plaçant à son intérieur, on applique les deux règles AB et CD contre les faces de cet angle dièdre, en ayant soin qu'elles aient des directions perpendiculaires à l'arête du dièdre; on place ensuite la fausse équerre sur une table, de manière que l'une des règles s'appuie contre l'un des côtés de la table; on trace sur la table une ligne le long de l'autre règle; l'angle de cette ligne avec le bord de la table donne la mesure de l'angle dièdre. Si l'on ne peut mesurer l'an-

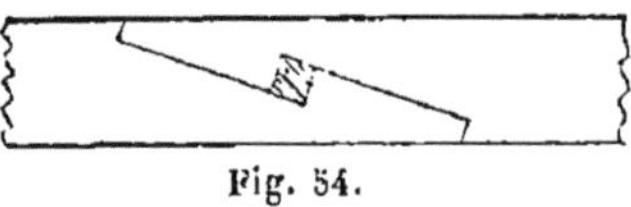

Fig. 54.

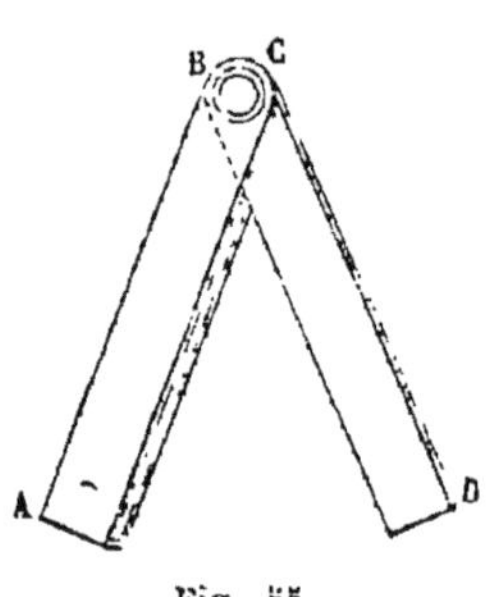

Fig. 55.

gle dièdre qu'en se plaçant en dehors, on opère d'une manière analogue, en appliquant sur les faces du dièdre les bords internes des deux règles AB et CD.

Il est évident que le même procédé peut servir à vérifier l'égalité de deux angles dièdres, ou à faire un angle dièdre égal à un dièdre donné.

72. II. La mesure des angles dièdres est d'une importance capitale pour l'étude des cristaux; l'expérience prouve en effet que les cristaux d'une même substance ont toujours la même forme, et que les inclinaisons mutuelles des faces restent constantes; de telle sorte qu'il suffit souvent de mesurer un angle dièdre d'un cristal pour reconnaître la nature de la substance dont il est formé. On a imaginé un grand nombre d'instruments plus ou moins parfaits pour mesurer ces angles dièdres; nous ne pouvons les décrire ici, nous parlerons seulement du plus simple de tous, le *goniomètre* de Haüy : il se compose essentiellement d'un rapporteur en cuivre et de deux

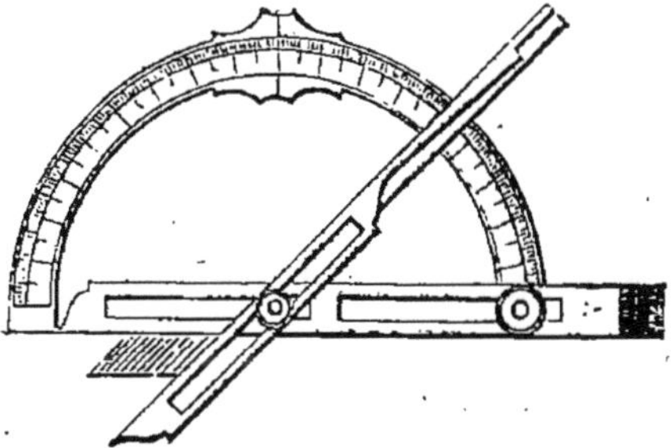

Fig. 56.

alidades mobiles autour d'un bouton placé au centre du rapporteur (fig. 56); on place le cristal entre les deux alidades, de manière que l'arête de l'angle dièdre qu'on veut mesurer soit perpendiculaire au plan du limbe; l'angle plan de ce dièdre est alors l'angle même des deux alidades, et on en lit la mesure sur le rapporteur.

Des plans perpendiculaires.

73. DÉFINITIONS. Deux plans sont *perpendiculaires* quand ils forment un dièdre droit. Si deux plans perpendiculaires sont prolongés indéfiniment, ils forment quatre angles dièdres qui sont tous droits; car, l'un d'eux étant droit, ceux qui lui sont adjacents sont droits aussi (**69**), et le quatrième l'est également, comme opposé par l'arête au premier (**70**).

Deux plans qui se coupent et qui ne sont pas perpendiculaires sont dits *obliques*.

74. THÉORÈME. *Tout plan* P, *conduit suivant une droite* LK *perpendiculaire au plan* MN, *est lui-même perpendiculaire à ce dernier plan.*

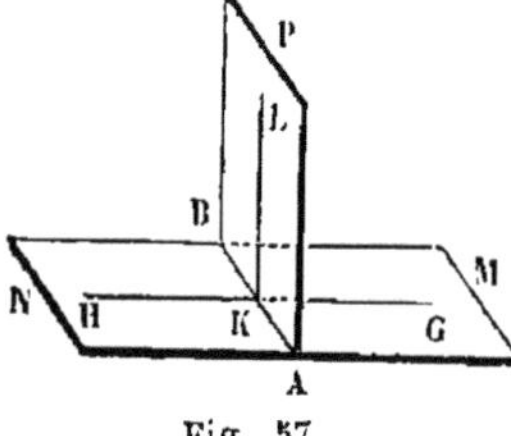

Fig. 57.

Soit AB l'intersection des deux plans; par le pied K de la perpendiculaire LK, je mène dans le plan MN la ligne HG perpendiculaire à AB. La ligne LK, perpendiculaire au plan MN, est perpendiculaire aux deux lignes AB et HG qui passent par son pied dans ce plan; il résulte de là que l'angle GKL est l'angle plan correspondant au dièdre MABP, et de plus que cet angle plan est droit; donc l'angle dièdre est droit aussi, et le plan P est perpendiculaire au plan MN; C. Q. F. D.

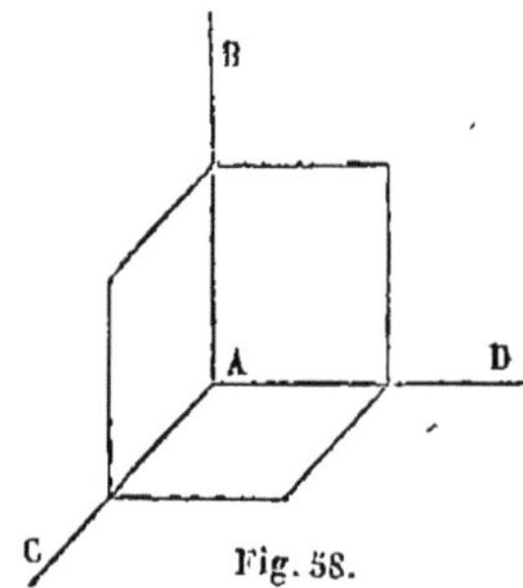

Fig. 58.

75. COROLLAIRE. *Lorsque trois droites* AB, AC, AD *sont perpendiculaires deux à deux, chacune d'elles est perpendiculaire au plan des deux autres, et ces trois plans sont perpendiculaires deux à deux* (fig. 58).

C'est une conséquence immédiate du théorème du n° **12** et du théorème précédent.

76. Théorème. *Si deux plans* AB *et* DE *sont perpendiculaires, et que dans l'un d'eux on mène une droite* CD *perpendiculaire à leur intersection* EF, *elle est perpendiculaire à l'autre.*

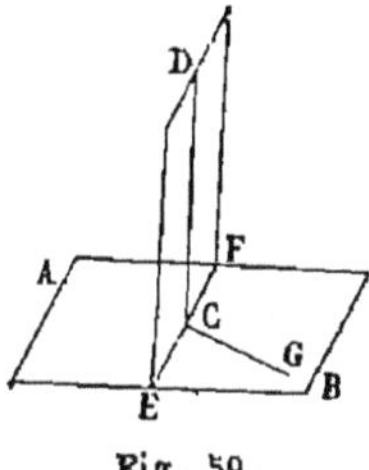

Fig. 59.

Par le point C, je mène dans le plan AB une ligne CG perpendiculaire à la ligne EF; l'angle DCG est l'angle plan correspondant au dièdre DEFB; mais ce dièdre est droit par hypothèse; donc CD est perpendiculaire à CG; alors CD est perpendiculaire à la fois aux deux droites EF et CG qui passent par son pied dans le plan AB; elle est donc perpendiculaire à ce plan (**12**); C. Q. F. D.

77. Corollaire. *Lorsque deux plans* M *et* A *sont perpendiculaires, si par un point quelconque* D *pris dans l'un d'eux, on mène une perpendiculaire à l'autre, elle est tout entière contenue dans le premier.*

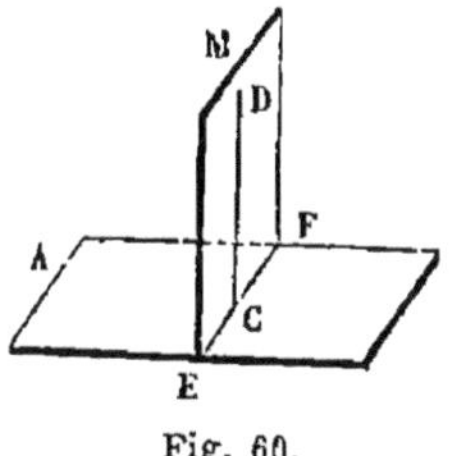

Fig. 60.

En effet, si du point D nous menons dans le plan M la ligne DC perpendiculaire à l'intersection EF des deux plans, elle est perpendiculaire au plan A d'après le théorème précédent; or du point D on ne peut mener qu'une perpendiculaire au plan A (**14**); donc cette perpendiculaire est la ligne CD contenue dans le plan M; C. Q. F. D.

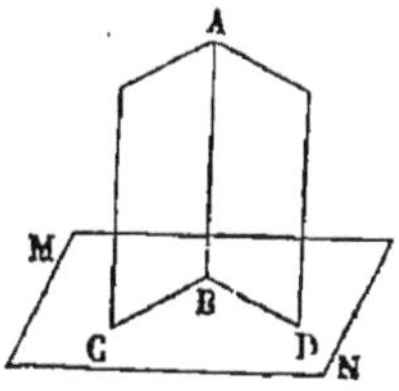

Fig. 61.

78. Théorème. *Lorsque deux plans* AC, AD, *perpendiculaires à un troisième plan* MN, *se coupent, leur intersection* AB *est perpendiculaire au plan* MN (fig. 61).

En effet, si par un point quelconque A commun aux deux plans AC, AD, on mène une perpendiculaire au plan MN, elle devra être contenue dans chacun des deux plans AC, AD (**77**); donc cette perpendiculaire sera précisément l'intersection AB de ces deux plans; C. Q. F. D.

79. Applications. I. Le théorème du n° **74** est appliqué par les tailleurs de pierres, quand ils veulent exécuter un parement d'équerre sur un autre. Soit ACB le parement déjà travaillé, et supposons qu'on veuille tailler une face perpendiculaire et passant par la ligne BC; en un point quelconque de BC, par exemple au point D, on fait avec le ciseau un sillon rectiligne sur la face brute adjacente, et on creuse ce sillon jusqu'à ce qu'en y plaçant l'un des côtés d'une équerre, et faisant tourner cette équerre autour de DE, l'autre côté reste toujours appliqué sur le plan ABC; la ligne DE sera alors perpendiculaire à ce plan, et le plan des deux lignes BC et DE sera par suite perpendiculaire au plan ABC (**74**).

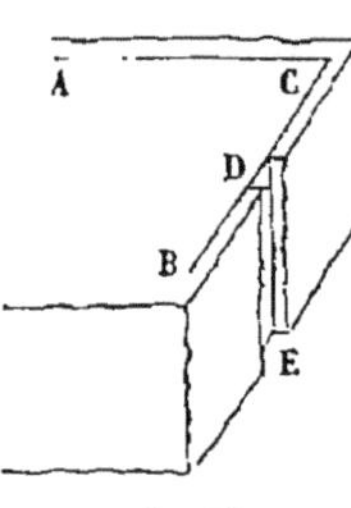

Fig. 62.

Le théorème du n° **78** montre aussi qu'il suffit aux tailleurs de pierres et aux charpentiers de tailler deux parements qui soient perpendiculaires à un troisième, pour que leur intersection soit aussi perpendiculaire à ce troisième plan.

80. II. *Plans verticaux.* On donne le nom de *plan vertical* à tout plan qui est perpendiculaire à un plan horizontal. Les plans verticaux sont aussi fréquemment employés que les plans horizontaux dans nos constructions et dans tous les arts industriels : la plupart des murailles de nos édifices, les surfaces des portes, des volets, des glaces, les panneaux de nos meubles, etc., sont des plans verticaux; dans les arts du dessin, on suppose habituellement vertical le plan du tableau sur lequel on trace la perspective des objets.

Il résulte des théorèmes des n°s **74**, **77**, **78**,

1° *Que tout plan mené par une verticale est un plan vertical* (**74**);

2° *Que si, par un point d'un plan vertical, on mène une verticale, elle est tout entière contenue dans ce plan vertical* (**77**);

3° *Que l'intersection de deux plans verticaux est une verticale* (**78**) : par exemple, la ligne d'intersection de deux murs verticaux est verticale.

De là nous pouvons tirer diverses conséquences : il est clair, par exemple, que l'*on peut toujours mener par une droite donnée un plan vertical;* il suffit de mener une verticale par un point de la droite donnée, les deux droites déterminent un plan qui est vertical, puisqu'il contient une verticale. On voit aussi que *tout plan, perpendiculaire à une horizontale, est vertical;* en effet, par le point de rencontre de l'horizontale et du plan perpendiculaire, menons une verticale; elle sera perpendiculaire à cette horizontale (**33**), et par suite elle sera contenue dans le plan perpendiculaire (**18**); ce plan sera donc vertical, puisqu'il contiendra une verticale.

81. Ces propriétés des plans verticaux sont utilisées fréquemment dans les arts industriels. On se sert de la première quand on veut s'assurer qu'un plan donné est bien vertical; on applique contre ce plan l'un des bords du *niveau de côté* (**31**); et on le fait mouvoir graduellement, jusqu'à ce que le fil à plomb soit contenu dans le plan de la règle : si alors la direction du fil à plomb coïncide avec la ligne de foi, le bord en contact avec le plan est une ligne verticale, et le plan lui-même est vertical.

La troisième propriété des plans verticaux est mise à profit pour planter verticalement un jalon ou une tige quelconque. On place d'abord le jalon de manière qu'il soit sensiblement vertical; on s'éloigne ensuite de quelques pas, et, tenant à la main un fil à plomb, on examine si le jalon se trouve dans le plan passant par l'œil et la direction du fil à plomb, plan qui est vertical; si cela n'a pas lieu, on incline le jalon dans un sens ou dans l'autre, jusqu'à ce que la condition soit remplie. Le jalon est alors dans un plan vertical; on renouvelle l'opération précédente dans une autre direction, en ayant soin que le jalon reste toujours dans le premier plan vertical. Lorsqu'on est parvenu à placer ainsi le jalon dans deux plans verticaux différents, on est certain qu'il est vertical (**80**, 3°).

82. On déduit aussi de ce qui précède un théorème important pour la perspective. Soient V le plan du tableau, supposé vertical, O l'œil du spectateur, OP la verticale qui passe par ce point, et PA, une droite quelconque rencontrant cette verticale; je vais chercher la perspective de cette droite; toutes les lignes qui joignent le point O aux différents points de la ligne PA sont situées dans le plan des deux droites OP et PA; ce plan, contenant la verticale OP, est vertical, et par suite son intersection AB avec le plan du tableau est une verticale (**80**); donc *toute droite qui rencontre la verticale menée par l'œil du spectateur a pour perspective une verticale*. On verrait de même que *la perspective d'une droite verticale est une verticale.*

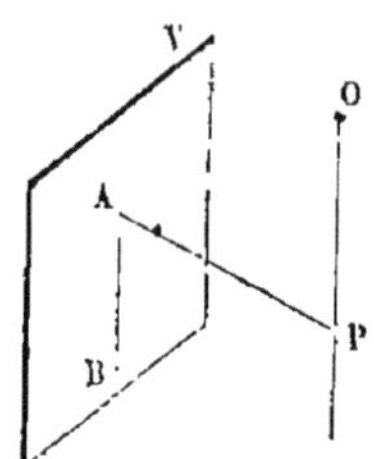

Fig. 63.

Des projections. — Angle d'une droite et d'un plan.

83. Définitions. On appelle *projection* d'un point P sur un plan MN le pied Q de la perpendiculaire abaissée de ce point sur le plan, et projection d'une ligne sur un plan, la ligne formée par les projections de tous ses points.

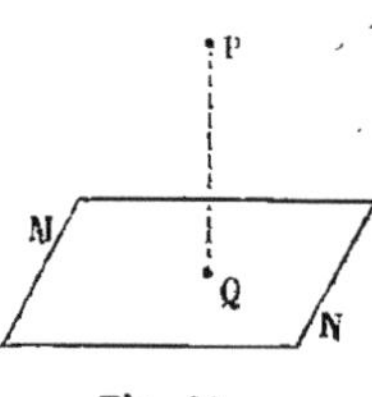

Fig. 64.

Le plan sur lequel on projette un point ou une ligne s'appelle le *plan de projection*, et la perpendiculaire abaissée d'un point sur le plan de projection se nomme la *projetante* de ce point; ainsi PQ est la projetante du point P.

84. Théorème. *La projection d'une ligne droite sur un plan est une ligne droite.*

Soient AB la droite donnée, MN le plan de projection ; du point A j'abaisse la perpendiculaire Aa au plan MN, et je conduis le plan BAa qui rencontre le plan MN suivant ab ; je dis que cette ligne est la projection de AB ; en effet, les perpendiculaires abaissées des divers points de la ligne AB sur le plan MN sont parallèles à Aa (**28**), et par conséquent elles sont toutes dans le plan BAab (**8**) ; donc leurs pieds seront sur la droite ab ; en d'autres termes, la projection de AB sur le plan MN est la droite ab ; C. Q. F. D.

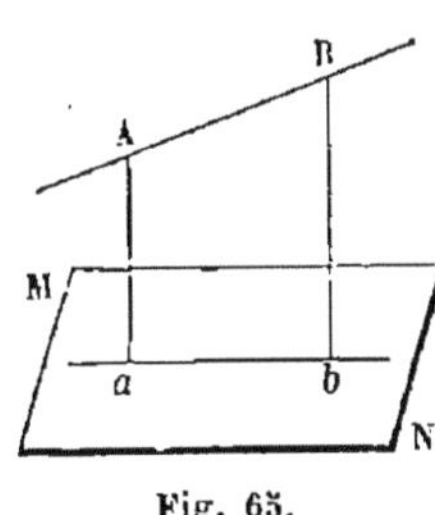

Fig. 65.

85. Remarque I. Le plan déterminé par la droite AB et les projetantes de tous ses points est perpendiculaire au plan MN, puisqu'il contient des perpendiculaires à ce plan (**74**) ; on l'appelle le *plan projetant* de la droite AB.

86. Remarque II. Si la ligne AB était perpendiculaire au plan MN, tous ses points se projetteraient au pied de cette droite ; la projection de la droite serait alors un point.

87. Remarque III. Pour obtenir la projection d'une droite sur un plan, il suffira de chercher les projections de deux de ses points, et de les joindre par une ligne droite. Lorsque la ligne qu'on projette rencontre le plan de projection, le pied de cette droite est évidemment un des points de sa projection.

88. Définition. Lorsqu'une droite AB est oblique à un plan MN (fig. 66), l'angle aigu que cette droite forme avec sa projection AC sur ce plan s'appelle l'*angle de la droite et du plan*, ou l'*inclinaison de la droite sur le plan*. On peut démontrer que, si par le pied A de la droite on menait dans le plan MN une autre droite quelconque, elle ferait avec

AB un angle plus grand que l'angle BAC. On peut remarquer aussi que l'angle de la droite AB et du plan MN est complémentaire de l'angle ABC que la droite forme avec la perpendiculaire au plan MN menée par l'un de ses points ; car le triangle ABC est rectangle en C, et les angles aigus d'un triangle rectangle sont complémentaires (Géom. pl., **276**).

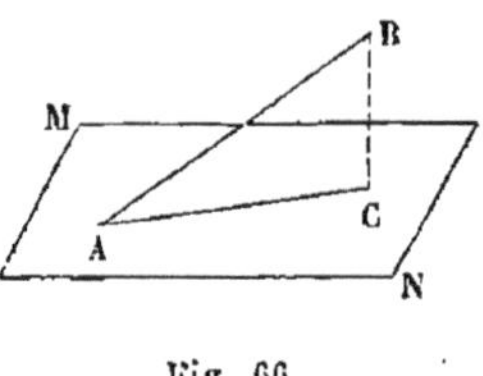

Fig. 66.

89. Applications. I. Toute droite qui n'est ni verticale ni horizontale est dite *inclinée* à l'horizon, et l'angle qu'elle fait avec un plan horizontal s'appelle l'*inclinaison de cette droite sur l'horizon.* Il résulte de ce qui précède que cette inclinaison est le complément de l'angle que la droite forme avec la verticale.

90. Dans les applications, il est rare qu'on exprime cette inclinaison en degrés, minutes et secondes; on préfère l'évaluer par un rapport qui s'appelle la *pente* de la droite. Soient MN un plan horizontal, AB une droite inclinée; de deux points quelconques A et B, j'abaisse sur le plan MN les perpendiculaires AP et BQ, et par le point A, je mène AC parallèle à PQ; l'angle BAC mesure évidemment l'inclinaison de la droite AB sur le plan MN, puisque la ligne AC est parallèle à la projection PQ de la droite sur le plan.

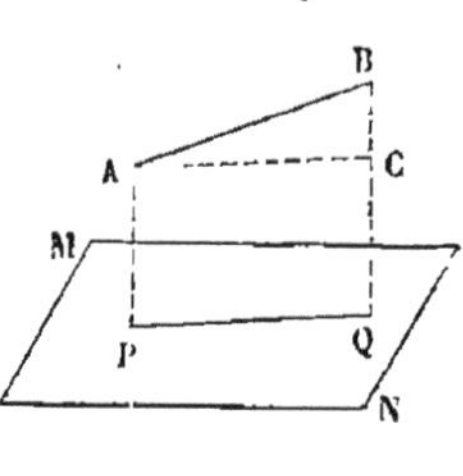

Fig. 67.

Or, cet angle BAC sera connu si l'on donne les côtés BC et AC du triangle rectangle ACB, ou seulement le rapport de ces deux côtés; car on pourra alors faire un triangle rectangle semblable au triangle ACB (Géom. pl., **316**, 2°), et par suite on connaîtra l'angle BAC. On donne le nom de *pente* de la droite au rapport $\frac{BC}{AC}$; supposons, pour simplifier, que la projection horizontale de la droite soit égale à 1 mètre, la pente sera alors exprimée par la longueur de la ligne BC; si cette longueur est égale à $0^m,01$, $0^m,02$, $0^m,03$,..., la pente de la droite sera $\frac{1}{100}$, $\frac{2}{100}$, $\frac{3}{100}$, etc. On dit aussi quelquefois, dans ce cas, que la pente est de 1, ou 2 ou 3 centimètres par mètre. D'une manière générale, nous dirons que *la pente d'une droite est le rapport de la différence des hauteurs verticales de deux de ses points à la projection horizontale de la ligne qui joint ces deux points.*

91. II. Tout plan qui n'est ni horizontal ni vertical est dit *incliné à l'horizon*, et l'angle dièdre que ce plan forme avec un plan horizontal s'appelle l'*inclinaison de ce plan sur l'horizon.*

92. Lorsqu'un plan n'est pas horizontal, on peut, par un point donné dans ce plan, y tracer une horizontale, et on n'en peut mener qu'une. En effet, par le point donné menons un plan horizontal, son intersection avec le plan donné sera une horizontale, d'après la définition même; par le même point, on ne peut pas mener, dans le plan donné, d'autre ligne horizontale; car, si l'on en pouvait mener deux, ce plan serait horizontal (**54**), ce qui est contre l'hypothèse.

Toutes les horizontales qu'on peut mener dans un plan vertical ou incliné sont parallèles. En effet, on les obtient toutes en coupant le plan donné par des plans horizontaux; ces derniers, étant parallèles, rencontrent le plan donné suivant des droites parallèles (**49**).

93. Lorsqu'un plan est incliné, toutes les lignes perpendiculaires aux horizontales de ce plan s'appellent des *lignes de plus grande pente;* il est facile de justifier cette dénomination. Soient P un plan quelconque (fig. 68), H un plan horizontal qui le coupe suivant l'horizontale MN; AB, une perpendiculaire, et AC, une oblique à l'horizontale MN, menées toutes les deux dans le plan P; je dis que la pente de la droite AB est plus forte que celle de la droite AC. En effet, je projette le point A sur le plan horizontal H, en a, et je joins aB et aC; la droite AB, perpendiculaire à MN, est plus courte que l'oblique AC; mais ces deux droites sont obliques au plan H; donc, la première est plus rapprochée du pied a de la perpendiculaire, c'est-à-dire que aB est plus courte que aC. Or, la pente de la droite AB est $\frac{Aa}{Ba}$, et celle de AC est $\frac{Aa}{Ca}$ (**90**); ces deux fractions ont le même numérateur, et le dénominateur de la première est plus petit que le dénominateur de la seconde ; donc la première fraction est la plus grande des deux, c'est-à-dire que la pente de la droite AB est plus forte que celle de la droite AC; C. Q. F. D.

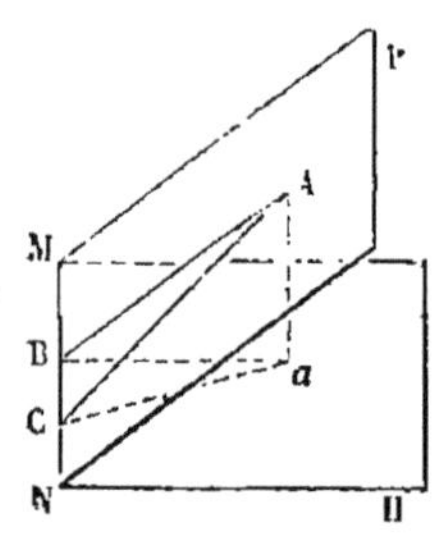

Fig. 68.

94. Remarquons maintenant que l'angle ABa, que mesure l'inclinaison de la droite AB sur le plan H, n'est autre chose que l'angle plan correspondant au dièdre PMNH, c'est-à-dire que l'inclinaison de la ligne AB sur l'horizon est égale à l'inclinaison du plan P. Or, nous avons vu qu'on peut évaluer l'inclinaison d'une droite sur l'horizon par le moyen de sa pente; l'inclinaison du plan P sera donc connue si l'on donne la pente de la droite AB; pour cette raison, cette quantité s'appelle aussi la *pente du plan incliné;* c'est ce qu'on exprime en disant que *la pente d'un plan incliné est la pente de sa ligne de plus grande pente.*

95. La considération des lignes de plus grande pente d'un plan incliné est de la plus grande utilité dans la pratique, notamment dans la fortification et dans le tracé des routes. Une route est une suite de plans horizontaux qu'on appelle quelquefois des *paliers*, et de plans inclinés qui se nomment des *rampes;* une rampe doit avoir une pente assez faible pour que les chevaux puissent y traîner leur chargement sans trop de fatigue : l'expérience a prouvé que, sur une route ordinaire, la pente ne doit pas excéder 8 ou 10 centièmes; sur les chemins de fer, on évite autant qu'on le peut les pentes supérieures à $\frac{1}{100}$, et on ne va guère au delà de $\frac{25}{1000}$ ou $\frac{1}{40}$ dans les chemins de fer de montagne.

96. Quand on met un corps pesant sur un plan incliné, on voit le corps se mettre en mouvement sous l'influence de la pesanteur, pourvu toutefois que le frottement ne soit pas trop considérable; l'expérience et le raisonnement font voir en outre que ce corps suit la ligne de plus grande pente du plan incliné (V. la Mécanique). Il en résulte cette conséquence remarquable, que le corps pesant suit le chemin le plus court pour arriver dans un plan horizontal quelconque; car la ligne de plus grande pente AB est plus courte que la ligne AC terminée au même plan horizontal H (fig. 68). C'est ainsi que la pluie qui s'écoule sur un toit suit toujours le chemin le plus court pour arriver au bord du toit, pourvu toutefois que ce bord soit horizontal, ce qui a lieu le plus ordinairement.

97. Lorsqu'un terrain plan est incliné, on a souvent besoin d'y tracer une ligne de plus grande pente, soit pour déterminer la pente de ce terrain, soit pour y tracer un canal ou un chemin. On peut y arriver en se servant du niveau d'eau et de la mire. On place la mire en un point quelconque du terrain, et on dispose le voyant de manière que sa ligne de foi soit dans le plan horizontal déterminé par le niveau de l'eau dans les deux fioles; on arrête le voyant dans cette position, puis l'aide transporte la mire en un autre point du terrain, et se déplace avec elle sans toucher au voyant jusqu'à ce que la ligne de foi soit de nouveau dans le même plan horizontal; la ligne passant par les deux points où la mire a été placée successivement sera une horizontale du terrain, et, en lui menant une perpendiculaire, on aura la ligne de plus grande pente. Ce procédé manque de précision, parce que le niveau d'eau est un instrument très-imparfait.

On verra dans la théorie du nivellement les méthodes qui ont été imaginées pour mesurer la pente d'une droite ou d'un plan incliné.

Notions sur la représentation des corps au moyen des projections.

98. Le dessin d'un corps, fait suivant les lois de la perspective, représente ce corps tel qu'il apparaît à l'œil du spectateur; mais ce mode de représentation des objets ne peut être utile dans les applications de la Géométrie, parce que les inclinaisons mutuelles des lignes et leurs longueurs sont altérées dans des proportions très-diverses; en un mot, il est impossible, lorsqu'on ne connaît que le dessin en perspective d'un corps, de prendre sur ce dessin des mesures qui permettent de façonner un objet identique à celui qui a été dessiné.

Or, dans la pratique, les architectes et les ingénieurs qui veulent faire exécuter un édifice, un pont, une machine, un meuble même, ne peuvent évidemment fournir à l'entrepreneur ou à l'ouvrier d'autre modèle qu'un dessin. Ce dessin devra donc être exécuté de manière qu'on puisse y prendre toutes les mesures; ce sera un dessin *géométrique* du corps. La méthode qui sert à résoudre ce problème porte le nom de *méthode des projections;* nous allons en donner les premiers principes; elle sera exposée complétement dans le cours de Géométrie descriptive.

99. Concevons deux plans perpendiculaires ALP, ILS, et soit B un point du corps que l'on veut représenter; je projette ce point sur les deux plans en b et en b'; il est évident que, si l'on connaît les deux points b et b', le point B sera déterminé; car, pour l'obtenir, il suffira d'élever par les points b et b' des perpendiculaires aux deux plans ALP, ILS, et l'intersection de ces perpendiculaires donnera le point B. Si l'on projette de même tous les points de l'objet que l'on veut représenter sur les deux plans ALP, ILS, on aura sur chacun d'eux une figure qu'on pourra appeler la projection de l'objet, et l'ensemble de ces deux projections constituera un dessin géométrique du corps.

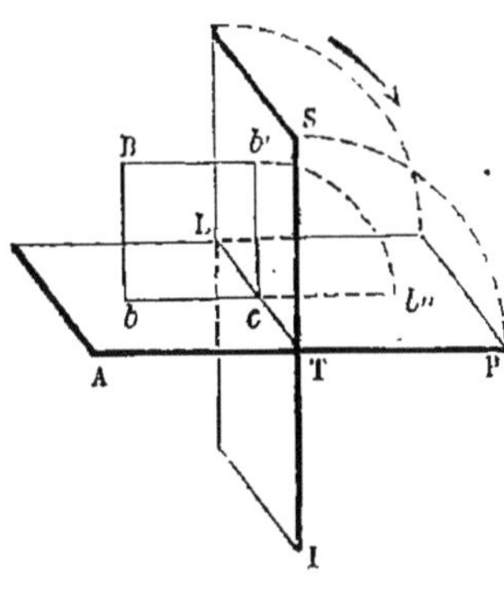

Fig. 69.

100. Dans la pratique, l'un des plans de projection est horizontal, et l'autre vertical; on les appelle le *plan horizontal* et le *plan vertical de projection;* leur intersection LT s'appelle la *ligne de terre;* on nomme *projection horizontale* toute projection faite sur le plan horizontal, et *projection verticale* toute projection faite sur le plan vertical. Pour éviter toute confusion, nous désignerons les points de l'espace par les grandes lettres A, B, C, etc., leurs projections horizontales par les petites lettres correspondantes, a, b, c, etc., et leurs projections verticales, par les petites lettres accentuées a', b', c', etc.

Lorsqu'on a effectué les deux projections d'un corps sur le plan horizontal et sur le plan vertical, il faut imaginer que le plan vertical tourne autour de la ligne de terre pour se rabattre sur le plan horizontal; toutes les constructions faites sur les deux plans de projection se trouvent alors dans un même plan, et on a sur une feuille de papier un dessin géométrique du corps que l'on voulait représenter; on donne ordinairement le nom d'*épure* à ce dessin qui contient à la fois les deux projections d'une même figure.

101. *Dans toute épure, les deux projections d'un même point* B *sont sur une perpendiculaire à la ligne de terre.*

Soient b et b' les deux projections du point B (fig. 70); le plan des deux projetantes Bb et Bb' est perpendiculaire à la fois aux deux plans de projection (74); donc il est perpendiculaire à leur intersection LT (78), qu'il coupe au point c; je joins cb et cb'; ces lignes seront alors perpendiculaires à LT; donc si l'on fait tourner le plan LST autour de LT pour le rabattre sur le plan horizontal LTP, la ligne cb' viendra se placer sur le prolongement de bc; c'est-à-dire que, dans l'épure, les points b et b'' seront sur une même perpendiculaire à LT; C. Q. F. D.

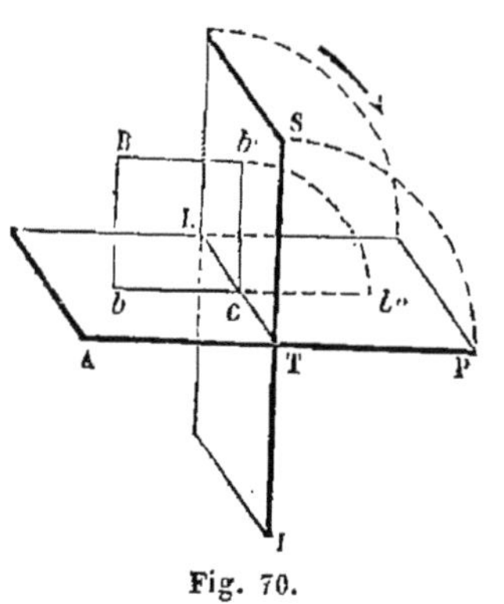

Fig. 70.

Remarquons en outre que la figure Bbcb' est un rectangle; par conséquent Bb $=cb'$, et Bb' $=cb$; c'est-à-dire que *la distance d'un point au plan horizontal est égale à la distance de sa projection verticale à la ligne de terre*; et de même *la distance d'un point au plan vertical est égale à la distance de sa projection horizontale à la ligne de terre.*

102. Quoique les deux projections d'un corps suffisent

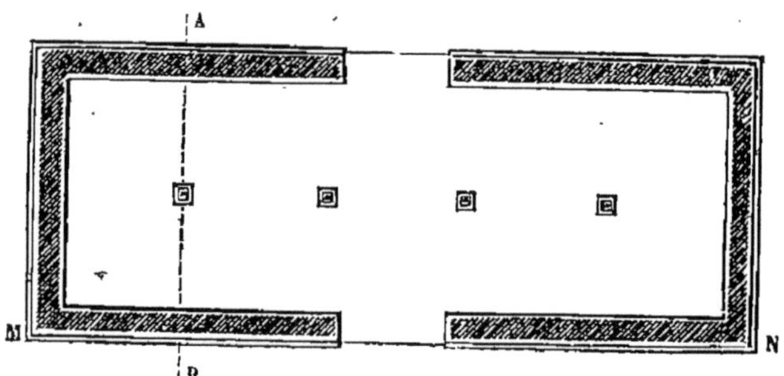

Fig. 71.

à le déterminer, on en considère souvent d'autres pour

éviter une trop grande complication dans les figures ; c'est surtout dans les dessins d'architecture et dans le dessin des machines qu'on emploie ainsi plus de deux projections.

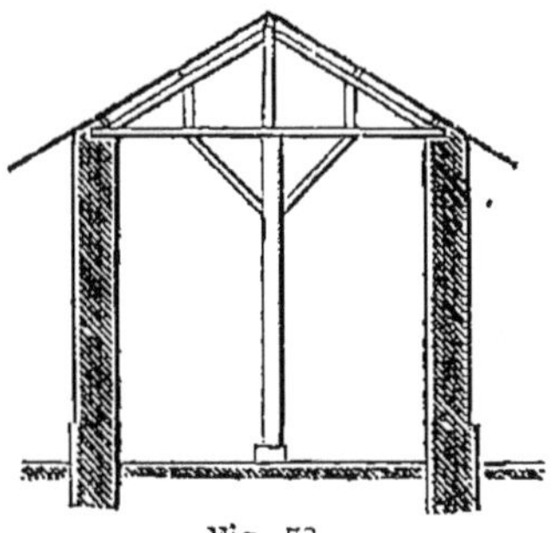

Fig. 72.

On appelle *plan* la projection horizontale d'un bâtiment ou d'une machine; souvent on emploie plusieurs plans; ainsi, pour représenter une maison, les architectes dessinent le plan du rez-de-chaussée, et celui de chaque étage. On appelle *élévation* d'un bâtiment ou d'une machine la projection de l'une des faces sur un plan vertical parallèle à cette face. Enfin on appelle *coupe* la figure qu'on obtiendrait en coupant l'objet par un plan déterminé ; ce plan est presque toujours vertical ou horizontal, et l'on doit

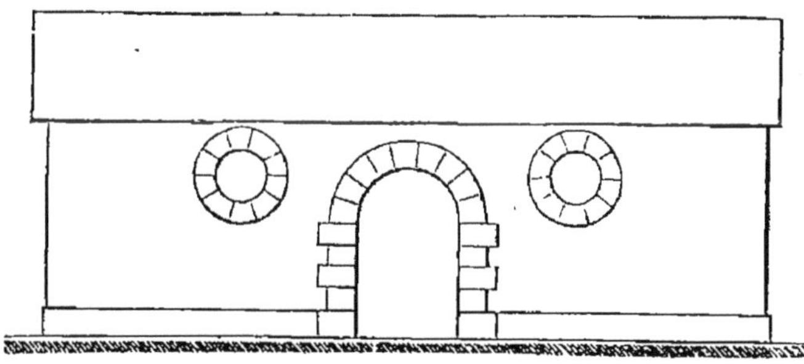

Fig. 73.

alors indiquer sur le plan ou sur l'élévation la ligne suivant laquelle on a fait cette coupe. Nous donnons ici le plan d'une grange (fig. 71), une coupe verticale faite suivant AB (fig. 72), et enfin l'élévation de la face verticale MN (fig. 73). On comprend sans peine qu'avec ces trois figures faites à une échelle connue, le maçon, le charpentier, le couvreur, pourront bâtir la grange, en lui donnant exactement les dimensions et la forme voulues par l'architecte.

Lorsqu'un terrain est accidenté, ou même lorsque c'est un plan non horizontal, on appelle de même *plan* de ce terrain la projection sur un plan horizontal quelconque; ce plan se lève d'après les mêmes principes que dans le cas où le terrain est horizontal: seulement il faut chaîner, non les lignes mêmes du terrain, mais leurs projections horizontales; et il faut aussi mesurer les angles que forment ces projections horizontales, ou, comme on dit habituellement, les angles *réduits à l'horizon*. Les procédés qu'on emploie alors sont très-simples et seront indiqués plus tard.

CHAPITRE II.

DES POLYÈDRES.

103. Définitions. On appelle *polyèdre* un corps terminé de tous côtés par des plans. Ces plans se coupent deux à deux suivant des lignes droites qu'on nomme les *arêtes* du polyèdre. Les arêtes situées dans un même plan déterminent des polygones qui sont les *faces* du polyèdre, et l'ensemble de toutes ces faces constitue la surface extérieure du polyèdre. Les sommets des différentes faces s'appellent les *sommets* du polyèdre. Enfin les inclinaisons mutuelles des plans des faces se nomment les *angles dièdres* du polyèdre.

Il faut au moins quatre plans pour former un polyèdre; trois plans forment une figure ouverte OABC (fig. 74), qui a reçu le nom d'*angle trièdre*. Si plus de trois plans se coupent *en un même point*, ils forment encore une figure ouverte, qui n'est pas un polyèdre, et qu'on appelle un *angle solide;* on peut avoir des angles solides formés par trois, quatre et cinq plans, etc. Le point de rencontre de tous les plans qui forment un angle solide est le *sommet* de l'angle solide; les lignes d'intersections successives de ces plans en sont les *arêtes*, et les plans eux-mêmes sont souvent désignés sous le nom de *faces* de l'angle solide.

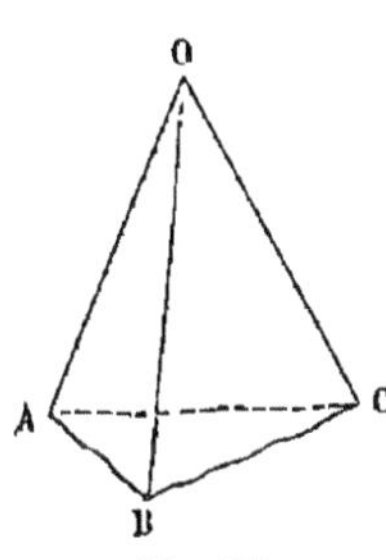

Fig. 74.

Chaque sommet d'un polyèdre est le sommet d'un angle solide formé par les faces du polyèdre qui se rencontrent à ce sommet.

Si l'on coupe un angle trièdre par un plan qui ne passe

pas par le sommet, on obtient un polyèdre à quatre faces, ACBD (fig. 75), auquel on a donné le nom de *tétraèdre*. Un tétraèdre a six arêtes, six angles dièdres, quatre faces triangulaires, quatre sommets et quatre angles trièdres; c'est le plus simple des polyèdres.

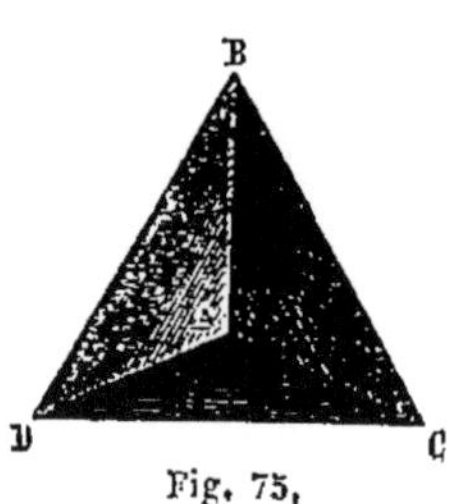

Fig. 75.

On appelle *diagonale* d'un polyèdre toute ligne droite qui joint deux sommets non situés dans la même face ; un tétraèdre n'a pas de diagonale.

Du prisme.

104. Définitions. On nomme *prisme* un polyèdre qui a deux faces polygonales égales et parallèles ABCDE, A'B'C'D'E', réunies l'une à l'autre par des parallélogrammes, ABB'A', BCC'B', etc. Les deux polygones égaux et parallèles ABCDE, A'B'C'D'E' s'appellent les *bases* du prisme, et les faces parallélogrammes en sont les *faces latérales ;* on donne encore le nom d'*arêtes latérales* du prisme aux lignes égales et parallèles AA', BB', CC', etc., qui joignent deux à deux les sommets des deux bases.

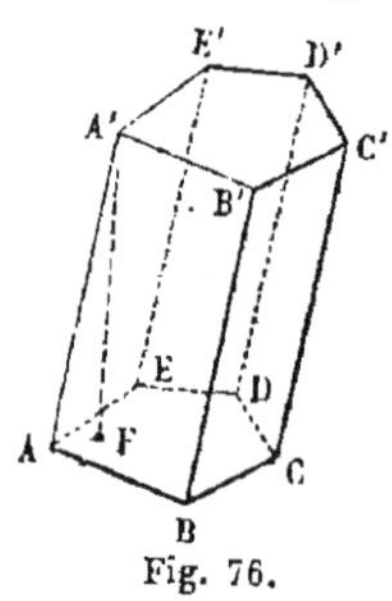

Fig. 76.

On distingue les prismes par le nombre des côtés de leurs bases ; ainsi, suivant que la base est un triangle, ou un quadrilatère, ou un pentagone, etc., le prisme est dit *triangulaire*, *quadrangulaire*, *pentagonal*, etc. Dans le langage industriel, les faces latérales portent le nom de *pans*, et on dit alors qu'un prisme a trois, quatre, cinq, six pans, etc.

Un prisme est *droit*, lorsque les arêtes latérales sont perpendiculaires aux plans des bases ; les faces latérales sont alors des rectangles, et les plans de ces faces sont aussi perpendiculaires aux plans des bases (**74**). Lorsque les arêtes latérales sont obliques aux plans des bases, le prisme est dit *oblique*.

On appelle *hauteur* d'un prisme la distance des plans des deux bases ; si d'un point quelconque de la base supérieure, du point A' par exemple (fig. 76), on abaisse une perpendiculaire A'F sur le plan de la base inférieure, cette ligne mesure la distance des plans des deux bases (**21**) ; c'est donc la hauteur du prisme. Quand le prisme est droit, sa hauteur n'est autre chose que l'arête latérale.

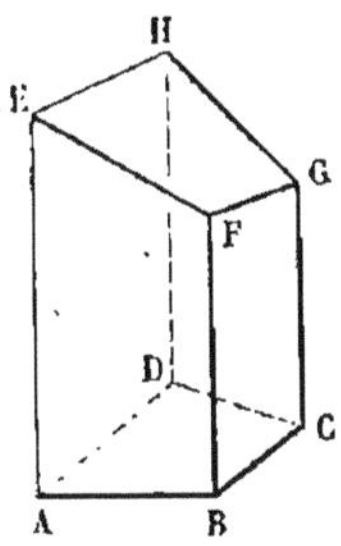

Fig. 77.

On appelle *tronc de prisme* ou *prisme tronqué* le polyèdre qu'on obtient lorsqu'on coupe un prisme par un plan non parallèle aux bases, et qu'on détache ainsi une portion du prisme ; tel est le polyèdre ABCDEFGH (fig. 77).

105. Il est facile de représenter par ses projections un prisme droit ou oblique, ou un prisme tronqué.

Considérons d'abord un prisme droit ; prenons pour plan horizontal le plan de la base de ce prisme ; les arêtes seront alors verticales, et, par conséquent, leurs projections horizontales se réduiront à des points ; la projection horizontale de tout le prisme sera donc le polygone de la base ABCDE. Cherchons maintenant la projection verticale : les sommets A, B, C,... de la base, étant situés dans le plan horizontal, auront évidemment leurs projections verticales sur la ligne de terre en a', b', c',... (**77**) ; les arêtes sont des lignes verticales, puisque le prisme est droit ; elles se projetteront donc sur le plan vertical de projection suivant des lignes verticales (**84**), menées par les points a', b', c'... ; et si nous prenons sur ces lignes des longueurs égales à l'arête latérale du prisme, nous aurons en g', h', i'..., les projections verticales des sommets de la base supérieure du prisme. Remarquons qu'on a marqué par des lignes de

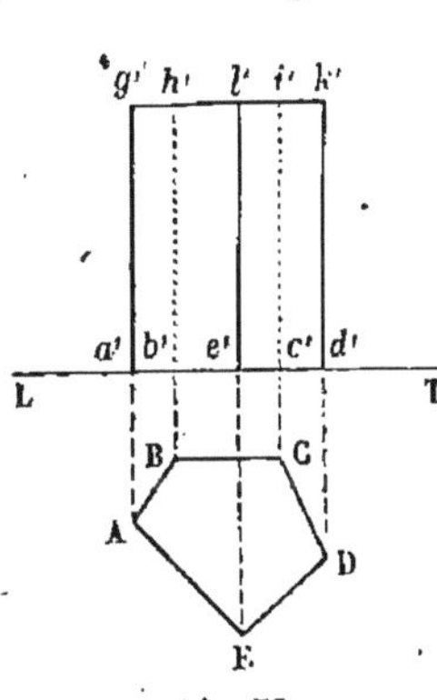

Fig. 78.

points les projections verticales des arêtes b' h' et c' i' qui seraient invisibles pour un observateur placé sur le plan horizontal en avant du prisme ; on indique toujours ainsi les arêtes invisibles des corps que l'on représente par leurs projections.

106. Proposons-nous maintenant de dessiner un prisme oblique en prenant pour plan horizontal de projection le plan de la base et pour plan vertical un plan parallèle aux arêtes du prisme. Soit alors *abcd* la base du prisme ; les projections verticales des sommets de cette base seront sur la ligne de terre en a', b', c', d'. Les arêtes du prisme parallèles au plan vertical auront pour projections horizon-

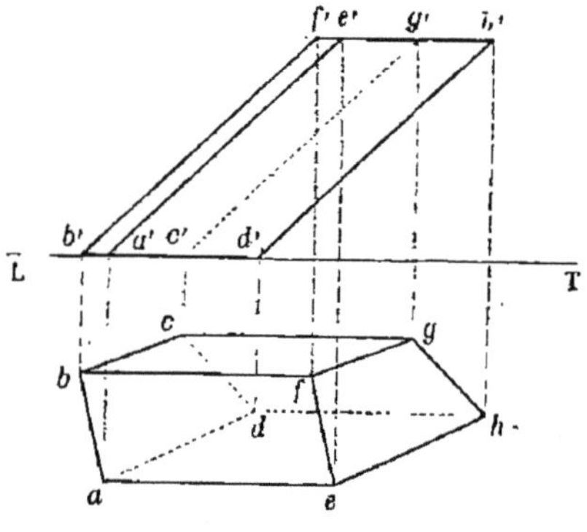

Fig. 79.

tales des droites parallèles à la ligne de terre, et pour projections verticales des lignes faisant avec la ligne de terre des angles égaux à l'inclinaison des arêtes sur le plan de la base ; ici cet angle est de 41°. De plus, ces arêtes se projetteront en vraie grandeur sur le plan vertical ; il faudra donc prendre sur ces lignes des longueurs, $a'e'$, $b'f'$, $c'g'$..., égales aux arêtes du prisme donné, et on aura les projections verticales des sommets de la base supérieure e', f', g', h' ; en menant de ces points des perpendiculaires à LT, on déterminera les projections horizontales *e*, *f*, *g*, *h* de ces mêmes sommets (**101**). On voit que, pour pouvoir faire cette épure, il faut connaître la base du prisme, la longueur de ses arêtes et l'inclinaison de ces arêtes sur le plan de la base.

107. On obtient d'une manière analogue le dessin d'un tronc de prisme ; mais, pour simplifier, je supposerai que les arêtes du tronc de prisme sont perpendiculaires au plan de la base, et je choisirai pour plan horizontal de projection le plan de cette base, et, pour plan vertical, un plan perpendiculaire au plan de la section faite dans le prisme ; il en résultera que tous les sommets de cette section auront leurs projections verticales sur une ligne droite, qui sera l'intersection du plan vertical de projection avec le plan qui les contient tous. On obtient alors l'épure ci-contre, où ABCDE est la projection horizontale du tronc de prisme, a', b', c', d', e', les projections verticales des sommets de la base, et g', h', i', k', l', les projections verticales des sommets de la section. Pour faire cette épure, il faut connaître la base du tronc de prisme, la longueur d'une arête, et l'inclinaison du plan de la section sur le plan de la base ; ce dernier angle est égal à l'angle de la ligne $g'k'$ avec la ligne de terre LT (1).

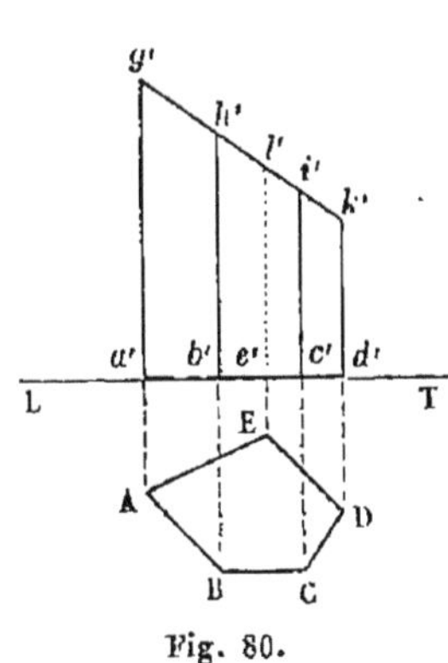

Fig. 80.

108. On rencontre dans la nature un grand nombre de cristaux qui affectent la forme prismatique ; certaines roches non cristallisées se fendent en morceaux qui sont aussi des prismes plus ou moins réguliers ; les alvéoles des abeilles sont des polyèdres qu'on déduit d'un prisme

(1) Les trois questions qui précèdent sont du domaine de la géométrie descriptive, et, quoiqu'elles soient indiquées dans le programme officiel, nous pensons qu'on peut se dispenser de les étudier dans une première étude de la géométrie. La même observation s'applique aux autres questions du même genre que nous traiterons par la suite.

hexagonal par des troncatures convenables; mais c'est surtout dans les corps façonnés par la main de l'homme qu'on trouve fréquemment cette forme : nous pouvons citer les prismes en verre qui servent dans les expériences d'optique, la plupart des pierres de taille et des pièces de charpente, les règles et les doubles décimètres à biseau, les équerres d'arpenteur, certaines boîtes en bois ou en carton, etc.

Les procédés employés par les ouvriers pour exécuter les prismes diffèrent suivant que le prisme doit être plein ou creux. Un tailleur de pierres, qui veut façonner un prisme droit, commence par dresser le parement de la pierre qui doit contenir la base; il trace alors cette base sur ce parement, et par chacun des côtés du polygone ainsi obtenu, il mène un plan perpendiculaire au plan de la base; il a ainsi les faces latérales; il ne lui reste plus qu'à les limiter en donnant aux arêtes la longueur convenable. Les charpentiers opèrent d'une manière analogue. La taille d'un prisme oblique plein est plus compliquée et ne peut se faire exactement sans le secours de la géométrie descriptive. Le procédé du cartonnier et du menuisier pour faire une boîte prismatique creuse est très-simple : on taille séparément les bases et les faces latérales du prisme, et on les assemble ensuite par leurs arêtes.

Les prismes tronqués se rencontrent aussi assez fréquemment : les tas de pierres que l'on met sur le bord des routes pour les réparer, beaucoup de pièces de charpente, sont des troncs de prisme pleins; les auges des maçons, certains tombereaux, les toits de beaucoup de maisons rectangulaires sont des troncs de prisme creux.

109. Théorème. *Les sections faites dans un prisme par des plans parallèles sont des polygones égaux.*

Soient MNOPQ, RSTUV, les polygones qu'on obtient en coupant le prisme ABCDEFGHKL par deux plans parallèles (fig. 81); je dis que ces polygones sont égaux. En effet, les deux lignes MN et RS sont parallèles comme étant les intersections de deux plans parallèles par le plan de la face

ABGF (**49**); comme d'ailleurs AF et BG sont parallèles, les lignes MN et RS sont égales (Géom. pl., **108**) : on verrait de même que les lignes NO et ST sont égales et parallèles, et ainsi de suite ; les deux polygones MNOPQ, RSTUV ont ainsi leurs côtés égaux deux à deux et parallèles. Il résulte de là que ces deux polygones ont aussi leurs angles égaux chacun à chacun, comme ayant les côtés parallèles et dirigés dans le même sens (**56**) ; donc enfin ces deux polygones, qui ont les côtés et les angles égaux chacun à chacun, sont égaux ; C. Q. F. D.

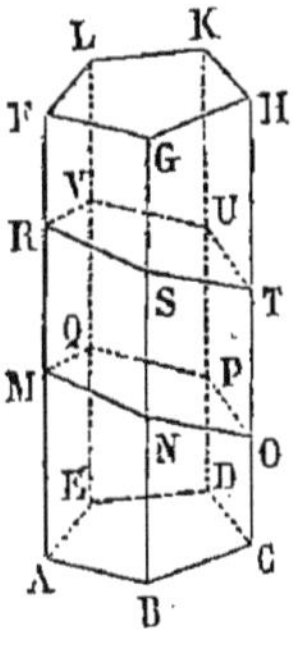

Fig. 81.

110. Remarque. On appelle *section droite* d'un prisme le polygone qu'on obtient en coupant ce prisme par un plan perpendiculaire à ses arêtes latérales; il résulte du théorème précédent que la section droite d'un prisme est la même, en quelque point qu'on la construise. Quand le prisme est droit, la section droite est égale à la base.

111. Théorème. *Deux prismes droits, qui ont des bases égales et des hauteurs égales, sont égaux.*

Soient ABC... KL, A'B'C'... K'L' deux prismes droits qui ont des bases égales et des hauteurs égales ; portons le second polyèdre sur le premier, de manière que la base A'B'C'D'E' s'applique sur son égale ABCDE ; l'arête A'F', perpendiculaire au plan A'B'C'D'E', prendra la direction de l'arête AF, perpendiculaire au plan ABCDE (**14**), et comme les deux prismes ont même hauteur, le point F' tombera au point F; pour la même raison, les points G', H', K' et L' coïncideront avec les points G, H, K, L ; donc les deux prismes coïncideront ; C. Q. F. D.

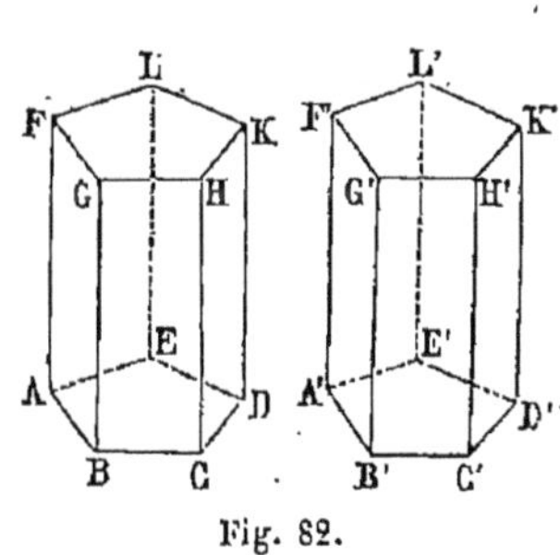

Fig. 82.

Du parallélipipède.

112. DÉFINITIONS. On donne le nom de *parallélipipède* au prisme qui a pour base un parallélogramme (fig. 83). Il est clair que toutes les faces d'un parallélipipède sont des parallélogrammes. Le parallélipipède est *droit*, quand les arêtes latérales sont perpendiculaires aux plans des bases.

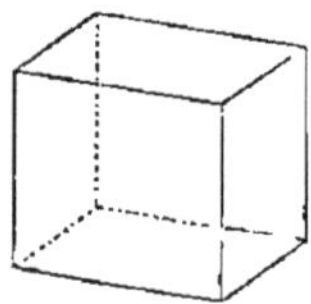

Fig. 83.

On appelle *parallélipipède rectangle* un parallélipipède droit dont la base est un rectangle ; les six faces d'un parallélipipède rectangle sont toutes des rectangles.

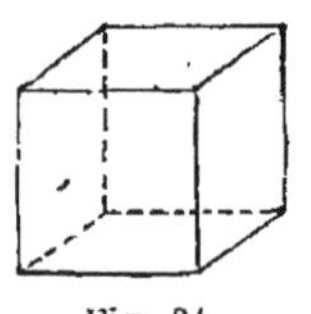

Fig. 84.

Enfin, si la base d'un parallélipipède rectangle est un carré, et que les faces latérales soient aussi des carrés, le corps prend le non de cube (fig. 84). Un cube est donc un polyèdre dont les six faces sont des carrés égaux ; toutes les arêtes de ce corps sont égales entre elles, et tous ses angles dièdres sont droits.

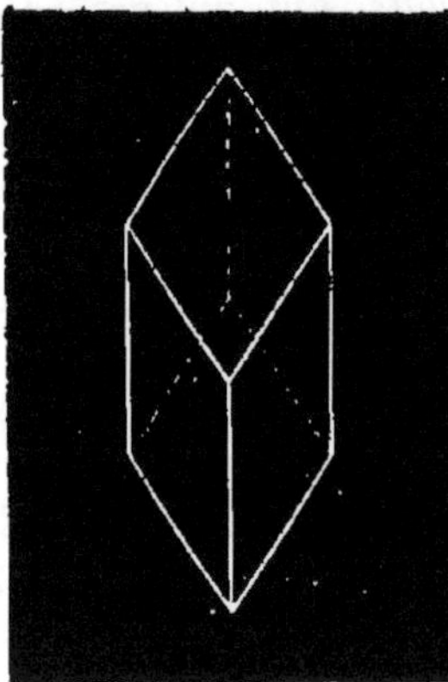

Fig. 85.

113. De tous les prismes, les parallélipipèdes sont ceux qu'on trouve le plus fréquemment dans les produits industriels ; les pierres de taille qui forment les assises d'un mur, les briques, les moellons, les piliers, les planches, les barres de fer, les caisses et les boîtes en bois et en carton, et une foule d'autres objets, ont la forme d'un parallélipipède rectangle ou d'un cube; les dés à jouer sont aussi des cubes. Le parallélipipède oblique se rencontre moins souvent; mais la nature nous en offre de nombreux exemples dans les cristaux : tels sont les cristaux de *spath d'Islande*, qui ont la forme d'un parallélipipède oblique dont toutes les faces sont des losanges (fig. 85); les cristaux de *sulfate de cuivre* ou vitriol bleu sont aussi des parallélipipèdes obliques. Un grand nombre de substances cristallisent sous la forme de parallélipipèdes droits ou rectangles, comme le *sulfate de soude*, l'*orthose*, etc.; enfin un certain nombre de minéraux affectent la forme cubique, comme la *pyrite* ou fer sulfuré, la *galène* ou plomb sulfuré, le sel marin, etc.

114. Théorème. *Les faces opposées d'un parallélipipède sont égales et parallèles.*

Soit ABCDEFGH un parallélipipède dont les bases sont les parallélogrammes ABCD et EFGH ; ces parallélogrammes sont égaux et parallèles, d'après la définition (**104**); je vais démontrer qu'il en est de même de deux autres faces opposées quelconques, par exemple, des deux faces AEHD et BFGC. En effet, les deux lignes AD et BC sont égales et parallèles comme côtés opposés du parallélogramme ABCD; pour la même raison, les deux lignes AE et BF sont aussi égales et parallèles; donc les angles DAE, CBF sont égaux et leurs plans sont parallèles (**56**); de plus les deux parallélogrammes AEHD, BFGC ont un angle égal compris entre côtés égaux chacun à chacun : par conséquent ils sont égaux (Géom. pl., **344**); donc enfin les deux faces opposées sont égales et parallèles; C. Q. F. D.

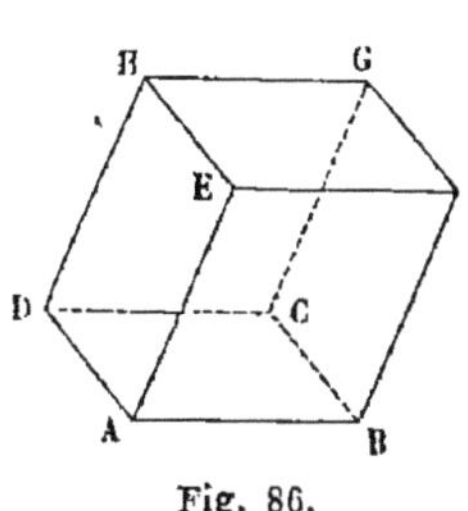

Fig. 86.

115. Corollaire. *Deux faces opposées quelconques d'un parallélipipède peuvent être prises pour bases de ce parallélipipède.* Car les deux bases d'un prisme sont assujetties à la seule condition d'être des polygones égaux et parallèles.

116. Théorème. *Un parallélipipède droit est divisé en*

deux prismes triangulaires égaux par le plan qui contient deux arêtes opposées de ce parallélipipède.

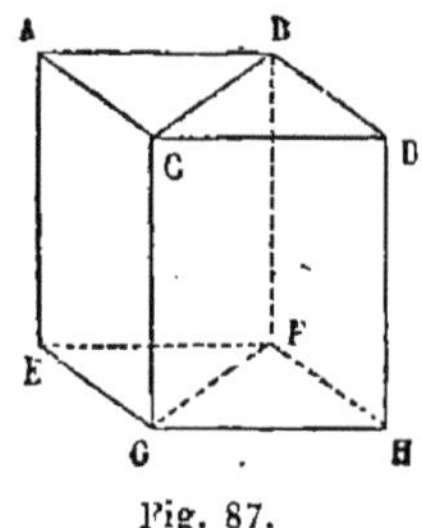

Fig. 87.

Par les deux arêtes opposées CG, BF du parallélipipède droit ABCDEFGH, je fais passer un plan ; ce plan coupe les deux bases suivant les diagonales BC et FG, et partage le parallélipipède en deux prismes triangulaires droits ABCEFG, BCDFGH. Ces deux prismes ont même hauteur BF, et des bases égales ABC et BCD (Géom. pl., **339**); donc ils sont égaux (**111**); C. Q. F. D.

117. Corollaire. *Tout prisme triangulaire droit est la moitié d'un parallélipipède droit qui a même hauteur que le prisme et une base double.* Ainsi le prisme triangulaire droit ABCEFG est la moitié du parallélipipède droit ABCDEFGH qui a même hauteur et une base ABCD double de la base ABC du prisme ; cela résulte immédiatement du théorème précédent.

118. Remarque. Un cube, et plus généralement un parallélipipède rectangle quelconque, peut être divisé en deux parties égales de six manières différentes par des plans passant par deux arêtes opposées ; car il y a six couples d'arêtes opposées. On peut aussi diviser le parallélipipède rectangle en deux parties égales par un plan parallèle à deux faces opposées et mené à égale distance de ces faces, et il y a trois de ces plans; on peut donc obtenir aisément neuf plans distincts, dont chacun partage le parallélipipède rectangle en deux parties égales.

De la pyramide.

119. Définitions. On appelle *pyramide* un polyèdre compris entre un polygone plan ABCDE, et les triangles que l'on obtient en joignant un point S de l'espace à tous les sommets de ce polygone. Le polygone ABCDE est la *base* de la pyramide, et le point S en est le *sommet*; les triangles SAB, SBC, SCD... s'appellent les *faces latérales* de la pyramide, et les arêtes SA, SB, SC..., qui partent du sommet, prennent le nom d'*arêtes latérales*. On appelle *hauteur* de la pyramide la longueur de la perpendiculaire SO, abaissée du sommet sur le plan de la base.

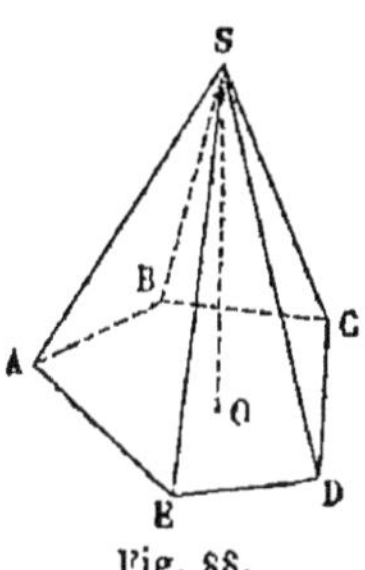

Fig. 88.

Une pyramide est dite *triangulaire*, *quadrangulaire*, *pentagonale*, etc., quand sa base est un triangle, un quadrilatère, un pentagone, etc. La pyramide triangulaire n'est autre chose qu'un tétraèdre (**103**).

Une pyramide est dite *régulière* lorsque sa base est un polygone régulier, et que la hauteur tombe au centre de la base. Les pyramides d'Égypte sont des pyramides régulières à base carrée.

120. On peut aisément représenter par ses deux projections une pyramide donnée, régulière ou irrégulière. Nous prendrons pour plan horizontal le plan de la base de la pyramide, et nous supposerons qu'on connaisse cette base, la hauteur de la pyramide, et la projection du sommet sur le plan de la base; ces quantités se déterminent aisément quand on a une pyramide solide, et qu'on peut en mesurer les dimensions; mais la méthode qu'il faut suivre sera expliquée dans le cours de Géométrie descriptive. Soient alors ABCD la base de la pyramide, *s*, la projection du sommet sur ce plan de la base; en joignant ce point aux points A, B, C..., on aura la projection horizontale de

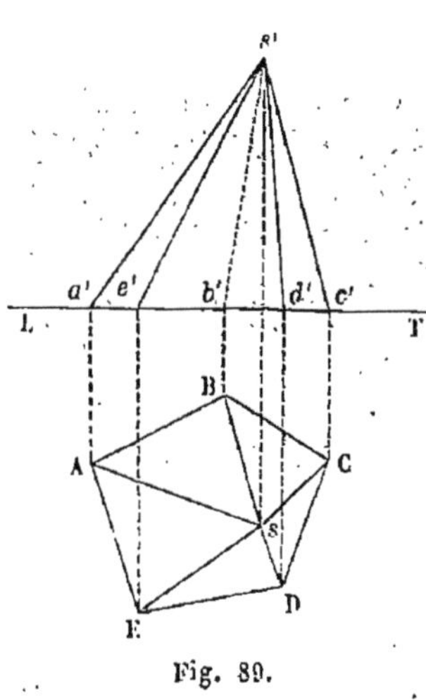

Fig. 89.

la pyramide $sABCD$... On aura ensuite les projections verticales des sommets de la base en abaissant des perpendiculaires Aa', Bb',... sur la ligne de terre; la projection verticale du sommet sera sur la perpendiculaire menée du point s à LT, et à une distance de cette ligne égale à la hauteur de la pyramide. La figure 89 représente les deux projections d'une pyramide pentagonale irrégulière, et la figure 90, celles d'une pyramide hexagonale régulière.

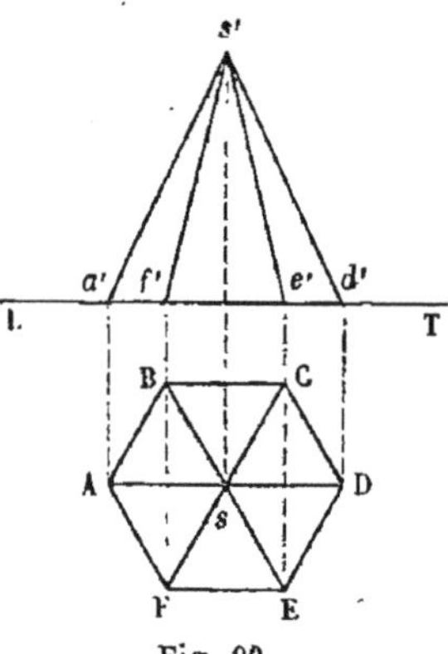

Fig. 90.

121. Les cristaux naturels sont souvent terminés par des pyramides : ainsi le quartz, ou cristal de roche, se présente communément sous la forme d'aiguilles prismatiques hexagonales terminées par des pyramides hexagonales régulières (fig. 91). D'autres cristaux, ceux d'alun, par

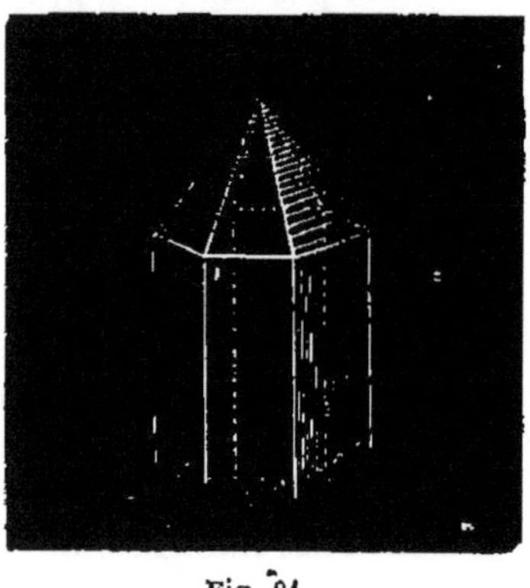
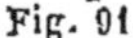
Fig. 91.

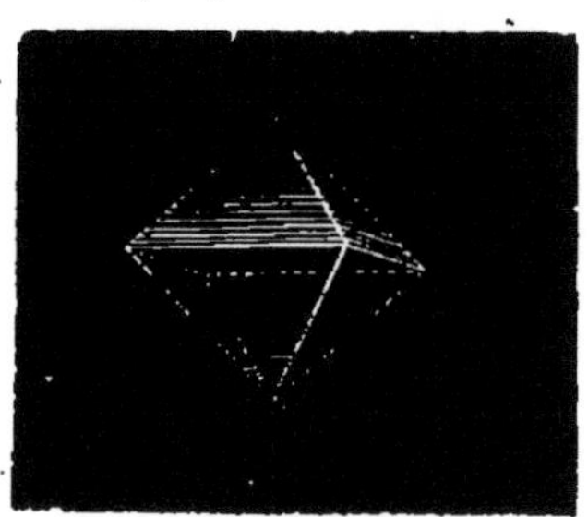
Fig. 92.

exemple, ont la forme d'une double pyramide à base carrée, qu'on appelle un *octaèdre* (fig. 92). Dans nos constructions, on rencontre aussi quelquefois des pyramides : nous avons déjà parlé des pyramides d'Égypte;

nous mentionnerons encore les toits de beaucoup de clochers, les pavillons de forme polygonale, les flèches en pierre ou en charpente qui surmontent quelques églises, etc.

122. THÉORÈME. *Si l'on coupe une pyramide par un plan parallèle à sa base.*

1° *Les arêtes latérales et la hauteur sont divisées en parties proportionnelles;*

2° *La section obtenue est un polygone semblable à la base;*

3° *Le rapport des aires de la section et de la base est égal au rapport des carrés de leurs distances au sommet.*

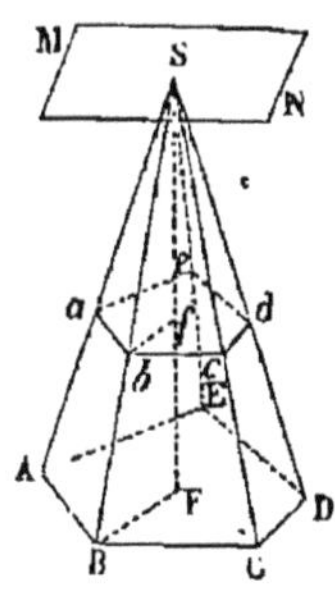

Fig. 93.

1° Soient SABCDE une pyramide, *abcde* une section faite par un plan parallèle à la base, SF la hauteur de la pyramide, qui coupe en *f* le plan de la section. Par le sommet S menons un plan MN parallèle à la base de la pyramide; les trois plans parallèles ABCDE, *abcde*, MN interceptent sur les droites qui les rencontrent des segments proportionnels (**60**). On a donc :

$$\frac{Sa}{SA} = \frac{Sb}{SB} = \frac{Sc}{SC} = \ldots\ldots = \frac{Sf}{SF};$$

C. Q. F. D.

2° Les lignes AB et *ab*, BC et *bc*, CD et *cd*, etc., sont deux à deux parallèles comme intersections des deux plans parallèles ABCDE, *abcde* par les plans des différentes faces (**49**); donc les angles des deux polygones ABCDE, *abcde*, sont égaux chacun à chacun, comme ayant les côtés parallèles et dirigés dans le même sens (**56**). De plus, à cause du parallélisme des droites *ab* et AB, les triangles *Sab*, SAB sont semblables (Géom. pl., **302**), et donnent la proportion

$$\frac{ab}{AB} = \frac{Sa}{SA}.$$

On a de même les autres proportions :

$$\frac{bc}{BC}=\frac{Sb}{SB};$$

$$\frac{cd}{CD}=\frac{Sc}{SC};$$

et ainsi de suite. Or les deuxièmes rapports de ces proportions sont tous égaux, d'après la première partie du théorème; donc il en est de même des premiers, et l'on a :

$$\frac{ab}{AB}=\frac{bc}{BC}=\frac{cd}{CD}=\dots$$

Les deux polygones *abcde*, ABCDE ont donc les angles égaux et les côtés proportionnels; par conséquent ils sont semblables (Géom. pl., **594**); C. Q. F. D.

3° Les deux polygones semblables *abcde*, ABCDE sont proportionnels aux carrés de leurs côtés homologues (Géom. pl., **520**); on aura donc :

$$\frac{abcde}{ABCDE}=\frac{\overline{ab}^2}{\overline{AB}^2};$$

d'autre part, il résulte des deux premières parties du théorème, que le rapport $\frac{ab}{AB}$ est égal au rapport $\frac{Sa}{SA}$, et que ce dernier est égal au rapport $\frac{Sf}{SF}$; on aura donc :

$$\frac{ab}{AB}=\frac{Sf}{SF}; \text{ d'où } \frac{\overline{ab}^2}{\overline{AB}^2}=\frac{\overline{Sf}^2}{\overline{SF}^2}.$$

Cette proportion et la première ont un rapport commun; les deux autres rapports sont donc égaux, ce qui donne :

$$\frac{abcde}{ABCDE}=\frac{\overline{Sf}^2}{\overline{SF}^2};$$

C. Q. F. D.

123. COROLLAIRE. *Si deux pyramides ont des bases équivalentes et des hauteurs égales, et qu'on y fasse des sections parallèles aux bases et à la même distance des sommets, ces sections seront équivalentes.*

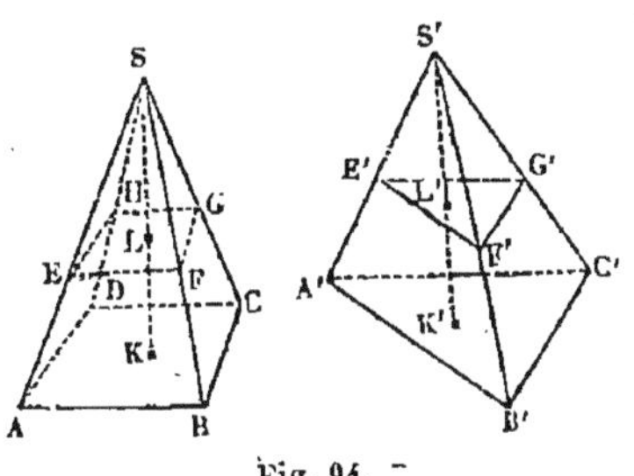

Fig. 94.

Soient SABCD, S'A'B'C' les deux pyramides qui ont leurs bases ABCD, A'B'C' équivalentes, et même hauteur SK = S'K'; je les coupe par des plans parallèles aux bases, et à la même distance des sommets; je désigne par H la hauteur commune des deux pyramides, et par h la distance des plans des sections aux sommets respectifs. On aura, d'après le théorème précédent (3°),

$$\frac{EFGH}{ABCD} = \frac{h^2}{H^2}; \qquad \frac{E'F'G'}{A'B'C'} = \frac{h^2}{H^2};$$

on en déduit :

$$\frac{EFGH}{ABCD} = \frac{E'F'G'}{A'B'C'};$$

or les dénominateurs de ces rapports égaux sont égaux par hypothèse; donc les numérateurs le sont aussi, et l'on a : EFGH = E'F'G'; C. Q. F. D.

124. APPLICATION. Le théorème précédent permet d'expliquer simplement une loi de la nature, la loi suivant laquelle l'intensité de la lumière varie avec la distance.

Considérons une source de lumière S (fig. 95), et plaçons derrière cette lumière un écran opaque M, percé d'une ouverture polygonale *abcd;* derrière cet écran, disposons un autre écran parallèle P. La source lumineuse S émettra un faisceau de rayons qui viendront éclairer sur l'écran P un espace ABCD, en laissant le reste dans l'ombre. Or ce faisceau forme une pyramide ayant pour sommet S et pour base ABCD; le polygone *abcd* sera une section parallèle à la base. Nous admettrons que la quantité de lumière qui passe par le trou *abcd* se propage indéfiniment sans déperdition; cela posé, si l'écran P se déplace parallèlement à lui-même, il recevra toujours la même quantité de lumière, mais elle sera répartie uniformément sur des surfaces plus ou moins grandes; par suite, l'intensité de la lumière en chaque point de l'espace éclairé sur cet écran sera d'autant plus grande que la surface totale du polygone ABCD sera plus petite; or nous savons d'après le théorème précédent que l'aire de ce polygone est proportionnelle au carré de sa distance au point S; donc l'intensité de la lumière, en un point de l'espace éclairé sur l'écran P, variera en raison inverse du carré de la distance de cet écran à la source; et c'est là en effet la loi que les physiciens ont trouvée par l'expérience.

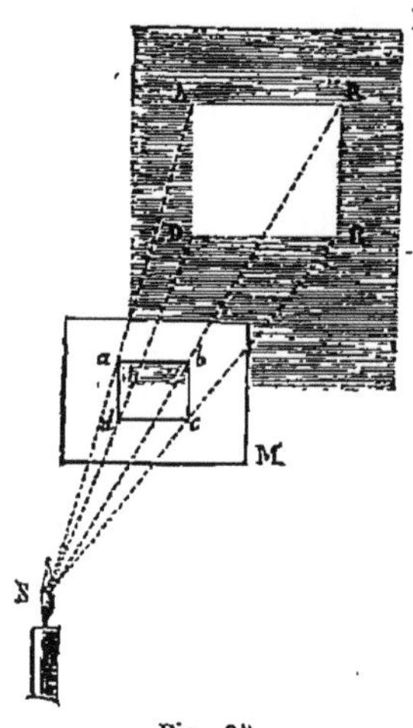

Fig. 95.

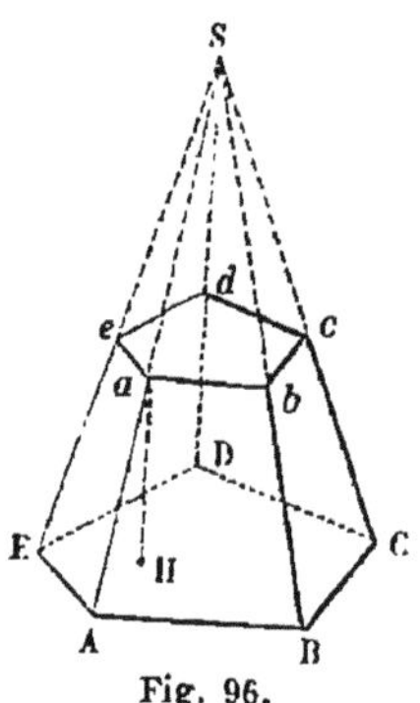

Fig. 96.

125. Définitions. Si l'on coupe une pyramide SABCDE par un plan parallèle à sa base, et qu'on enlève la pyramide supérieure S*abcde*, le polyèdre restant s'appelle une *pyramide tronquée*, ou un *tronc de pyramide à bases parallèles*. Les deux polygones semblables ABCDE, *abcde* s'appellent les deux bases du tronc, et la distance de leurs plans, *a*H, se nomme la *hauteur* du tronc.

126. Nous donnons ici le dessin géométrique d'un

tronc de pyramide, effectué par la méthode des projections; on a commencé par représenter une pyramide par ses deux projections $sABCDE$, $s'a'b'c'd'e'$; on a coupé ensuite cette pyramide par un plan horizontal; les projections ver-

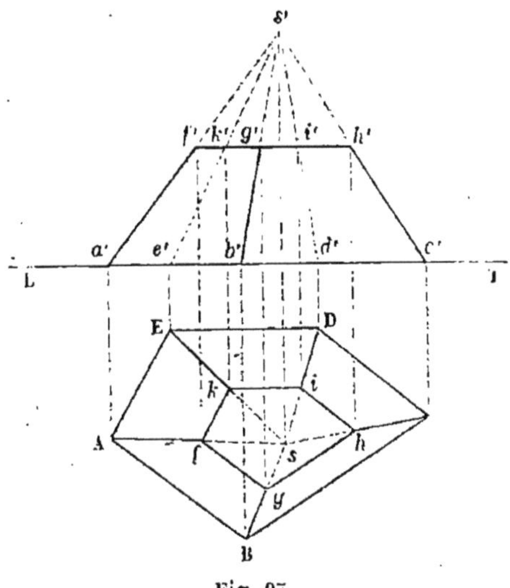

Fig. 97.

ticales f', g', h', i', k', des sommets de la base supérieure sont alors sur une même parallèle à la ligne de terre LT; on en déduit sans peine les projections horizontales f, g, h, i, k, de ces mêmes sommets. On a ainsi les deux projections $ABCDEfghik$, et $a'b'c'd'e'f'g'h'i'k'$ du tronc de pyramide.

127. On emploie le tronc de pyramide seul, ou associé au prisme et à la pyramide, dans nos constructions : les obélisques qui supportent les chaînes des ponts suspendus ou qui ornent certaines places publiques, sont des troncs de pyramides régulières surmontés habituellement de petites pyramides très-aplaties. Les lanternes des réverbères ont la forme d'un tronc de pyramide surmonté d'une coupole en fer. Enfin, si l'on place une bougie sur une table rectangulaire, tout l'espace situé dans l'ombre forme une pyramide tronquée dont la base supérieure est la surface de la table.

Des polyèdres semblables.

128. DÉFINITIONS. Deux polyèdres sont *semblables* lorsque leurs angles solides sont égaux chacun à chacun, et que leurs faces sont semblables chacune à chacune et semblablement disposées.

Il résulte évidemment de cette définition que deux polyèdres semblables ont aussi leurs angles dièdres égaux chacun à chacun, puisqu'ils font partie d'angles solides égaux. De plus les arêtes homologues des deux polyèdres sont proportionnelles; car les faces sont semblables deux à deux, et le rapport de similitude de deux faces homologues est évidemment le même que celui de deux autres faces homologues contiguës aux deux précédentes, à cause des arêtes communes; en d'autres termes, le rapport de deux arêtes homologues est constant pour les deux polyèdres.

129. THÉORÈME. *Lorsqu'on coupe une pyramide* SABCD *par un plan parallèle à sa base, on détermine une nouvelle pyramide* Sabcd *semblable à la première.*

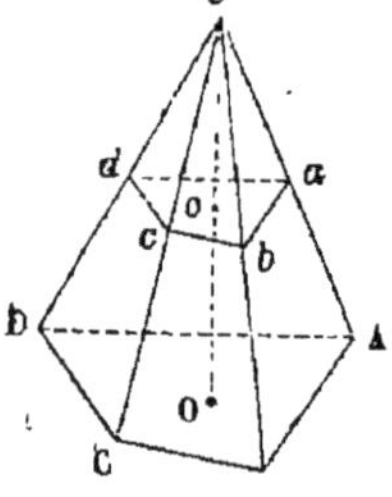

Fig. 98.

Ces deux pyramides ont d'abord l'angle solide S commun; considérons maintenant les angles trièdres qui ont pour sommets les points A et *a;* ces deux angles trièdres ont un dièdre commun BASD; de plus les angles S*ab*, SAB sont égaux comme correspondants, et il en est de même des angles S*ad*, SAD ; par suite, si l'on fait glisser le trièdre *a*S*bd*, de manière que le point *a* arrive en A et que les plans *a*S*b*, *a*S*d* ne cessent pas de coïncider avec les plans ASB, ASD, la ligne *ab* prendra la direction AB, et la ligne *ad*, la direction AD; les deux trièdres *a* et A peuvent donc être superposés. On démontrerait de même l'égalité des trièdres b et B, c et C, d et D; donc les deux pyramides ont leurs angles solides égaux chacun à chacun.

Je dis de plus que les faces de ces deux pyramides sont semblables chacune à chacune : nous savons déjà que les bases *abcd*, ABCD sont semblables (**122**) ; les triangles Sab, SAB sont aussi semblables, puisque ab est parallèle à AB (Géom. pl., **509**), et il en est de même des triangles Sbc et SBC, Scd et SCD, Sda et SDA.

Les deux pyramides, ayant leurs angles solides égaux et leurs faces semblables, sont semblables d'après la définition.

130. REMARQUE. *Le rapport des hauteurs* SO, So *des deux pyramides, est égal au rapport de deux arêtes homologues.* Car nous avons vu que le rapport $\frac{SO}{So}$ est égal au rapport $\frac{AS}{Sa}$, et aussi au rapport $\frac{AB}{ab}$ (**122**).

131. THÉORÈME. *Deux tétraèdres qui ont un angle dièdre égal compris entre deux faces semblables et semblablement disposées, sont semblables.*

Soient SABC, S'A'B'C' les deux tétraèdres; je suppose que les angles dièdres SB, S'B' soient égaux, et que les faces SBA, SBC soient respectivement semblables aux faces S'B'A', S'B'C', et semblablement disposées; je dis que ces deux tétraèdres sont semblables. En effet, je transporte le tétraèdre S'A'B'C' sur le tétraèdre SABC, de manière que le dièdre S'B' coïncide avec son égal SB, et que le point B' tombe au point B, le point S' viendra en s sur la

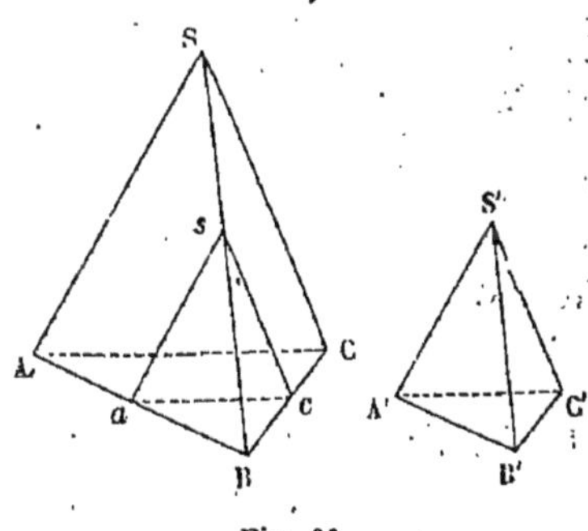

Fig. 99.

ligne BS. Les triangles semblables SBA, S'B'A' sont équiangles; l'angle S'B'A' est donc égal à l'angle SBA, et par conséquent la ligne B'A' prendra la direction de BA, et le point A' tombera en *a;* de même le point C' viendra se placer en un point *c* de l'arête BC; le tétraèdre S'A'B'C' occupera alors la position *sa*B*c*. Cela posé, les angles BAS, B*as* sont égaux à cause de la similitude des triangles SBA, *s*B*a;* donc la ligne *as* est parallèle à AS (Géom. pl., **98**); pour la même raison *sc* est parallèle à SC; donc le plan *asc* est parallèle au plan ASC (**56**); et par conséquent la pyramide B*asc* est semblable à la pyramide BASC en vertu du théorème précédent; C. Q. F. D.

132. Théorème. *Deux polyèdres* ABCDEH, A'B'C'D'E'H' *composés d'un même nombre de tétraèdres* GABE *et* G'A'B'E', GBED *et* G'B'E'D',... *semblables et semblablement placés, sont semblables* (fig. 100).

Je remarque d'abord que, si dans l'un des polyèdres deux ou plusieurs triangles BAE, BED, BCD sont dans un même plan, les triangles homologues de l'autre polyèdre sont aussi dans un même plan. En effet, à cause de la similitude des tétraèdres homologues, l'angle dièdre ABEG est égal à l'angle dièdre A'B'E'G', et l'angle dièdre DBEG est égal à l'angle dièdre D'B'E'G'; or, si les triangles BAE et BED sont dans un même plan, la somme des angles dièdres ABEG et DBEG est égale à deux droits (**69**); la somme des dièdres égaux A'B'E'G' et D'B'E'G' sera aussi égale à deux droits, et par conséquent les triangles A'B'E' et B'E'D' seront dans un même plan (**69**).

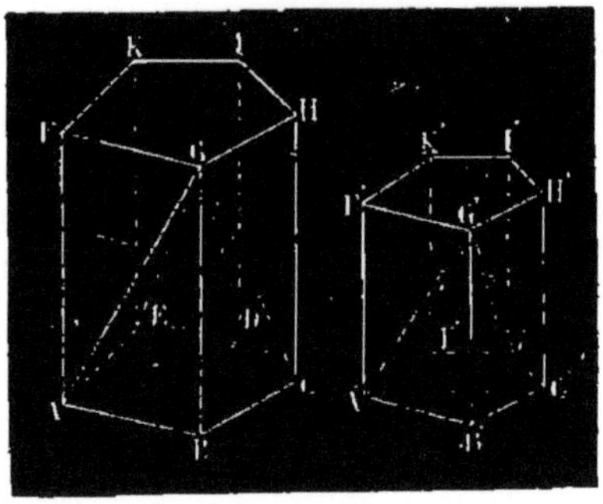

Fig. 100.

Cela posé, je dis que les deux polyèdres sont semblables; en effet :

1° Les faces homologues, telles que ABCDE, A'B'C'D'E', sont semblables comme composées d'un même nombre de triangles semblables et semblablement disposés (Géom. pl., **595**); car deux triangles homologues ABE, A'B'E' sont semblables comme faces homologues de deux tétraèdres semblables GABE, G'A'B'E'.

2° Les angles solides des deux polyèdres sont égaux chacun à chacun, parce qu'on les obtient en juxtaposant de la même manière un même nombre d'angles trièdres égaux. Ainsi l'angle solide BACG s'obtient en plaçant à côté les uns des autres les trois trièdres BAEG, BEDG et BDCG, et l'angle solide B'A'C'G' est formé de même par la réunion des trièdres B'A'E'G', B'E'D'G' et B'D'C'G', respectivement égaux aux précédents comme angles solides homologues de tétraèdres semblables, et assemblés de la même façon.

Les deux polyèdres, ayant leurs angles solides égaux et leurs faces semblables et semblablement disposées, sont semblables ; C. Q. F. D.

123. Théorème. Réciproquement, *deux polyèdres semblables* ACEFDB..., A'C'E'F'D'B'..., *peuvent être décomposés en un même nombre de tétraèdres semblables et semblablement placés* (fig. 101).

En effet, je considère deux angles dièdres homologues des deux polyèdres, CABD, C'A'B'D'. Je décompose en triangles les deux faces du premier polyèdre qui se coupent suivant AB, en menant les diagonales qui partent du point B; et je fais une décomposition pareille dans les deux faces homologues de l'autre polyèdre; les triangles BAC, B'A'C' seront semblables, ainsi que les triangles BAD, B'A'D' (Géom. pl., **596**); joignons CD et C'D'; les deux tétraèdres ABCD, A'B'C'D' auront alors les dièdres AB et A'B' égaux, comme dièdres homologues des deux polyèdres semblables; et de plus les faces comprenant ces dièdres égaux dans les deux tétraèdres sont semblables et semblablement disposées, comme nous venons de le démontrer; donc les deux tétraèdres ABCD, A'B'C'D' sont semblables (**131**).

Cela posé, enlevons ces deux tétraèdres; les polyèdres qui resteront alors seront encore semblables ; car les nouveaux angles solides auront été formés en enlevant à des angles solides égaux, par hypothèse, des angles trièdres égaux ; ainsi l'angle solide DCFGB, qui a pour sommet le point D, se déduit de l'angle solide primitif DAFG en en détachant l'angle trièdre DACB; et si l'on fait la même opération dans l'autre polyèdre, il est clair qu'on aura un angle solide D'C'F'G'B' égal à l'angle solide DCFGB. Les nouvelles faces des deux polyèdres seront aussi semblables deux à deux, soit comme faces homologues des deux tétraèdres semblables, soit parce que ce sont des polygones formés au moyen des faces primitives en retranchant des triangles semblables; c'est ainsi que les polygones CDFE, C'D'F'E' seront semblables, parce que les polygones CEFDA, C'E'F'D'A' étaient semblables par hypothèse, et qu'on en a retranché les triangles CDA, C'D'A', semblables et semblablement placés. Les deux nouveaux polyèdres CDFEBG..., C'D'F'E'B'G'... seront donc semblables.

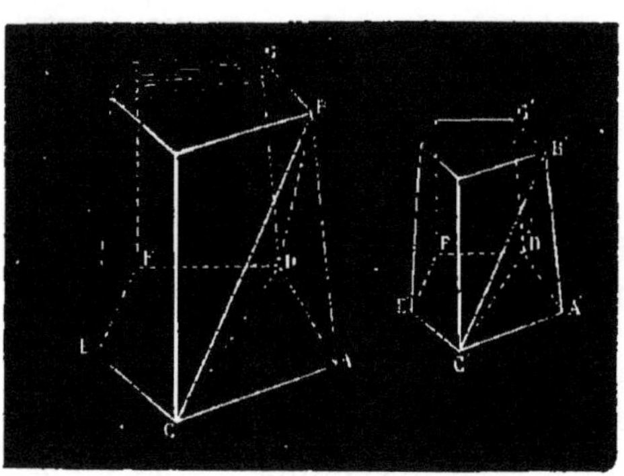

Fig. 101.

On pourra alors détacher de ces polyèdres deux autres tétraèdres semblables, et, en continuant toujours de la même manière, on arrivera à décomposer les deux polyèdres semblables en un même nombre de tétraèdres semblables et semblablement placés; C. Q. F. D.

134. Remarque. On pourrait considérer dans l'espace

des figures semblables et semblablement placées comme on l'a fait dans un plan (Géom. pl., **399, 400, 401**). Si l'on joint un point fixe de l'espace à tous les points d'un corps quelconque, et qu'on partage toutes ces lignes dans un rapport constant, la figure formée par les points de division est semblable à la première. Ce théorème permet de réduire un corps quelconque à des dimensions moindres, au moyen d'un instrument analogue au pantographe; cet instrument, qui existe et qui est employé à la réduction des objets d'art, a été imaginé par M. Collas.

CHAPITRE III.

DES SURFACES COURBES.

135. Définitions. On appelle *surface courbe* toute surface qui n'est ni plane ni composée de surfaces planes; telle est, par exemple, la surface d'une boule ou celle d'un tuyau de poêle.

Pour étudier géométriquement une surface, il faut connaître la manière de décrire cette surface, ou, comme on dit, son *mode de génération*. Le plus ordinairement, on peut considérer une surface courbe comme engendrée par le mouvement d'une ligne appelée *génératrice* qui se déplace en s'appuyant constamment sur plusieurs courbes fixes, auxquelles on donne le nom de *directrices*, parce qu'elles servent à diriger le mouvement de la génératrice. C'est ainsi qu'un plan peut être engendré par le mouvement d'une ligne droite qui se meut en s'appuyant constamment sur deux droites fixes concourantes ou parallèles (8).

136. Lorsqu'une surface peut être engendrée par le mouvement d'une ligne droite, on dit que cette surface est *réglée*. Parmi les surfaces réglées, il en est qui peuvent être déroulées sur un plan, sans qu'on soit obligé de les déchirer, ni de les replier sur elles-mêmes; on les appelle des surfaces *développables*. Il est clair que réciproquement on obtiendra une surface développable en déformant d'une manière convenable un plan flexible, tel qu'une feuille de papier ou de métal. Lorsqu'une surface réglée n'est pas développable sur un plan, on lui donne le nom de surface *gauche*. Nous donnerons bientôt des exemples de surfaces développables ; parmi les surfaces gauches, nous pouvons citer la surface inférieure d'un escalier en vis à jour, la surface du filet d'une vis, etc. Nous reviendrons, au reste, sur ce sujet dans le Cours de quatrième année.

137. Il y a encore une autre classe de surfaces très-souvent employées dans les arts, ce sont les sufaces *de révolution*. On peut les décrire de deux manières différentes : 1° en faisant tourner une ligne quelconque droite ou courbe autour d'un axe ; 2° en faisant mouvoir un cercle de rayon variable, de manière que son centre décrive une droite fixe, que son plan soit toujours perpendiculaire à cette droite, et que sa circonférence s'appuie constamment sur une ligne fixe. Toutes les surfaces façonnées au tour sont des surfaces de révolution : nous citerons, comme exemples, la surface extérieure d'un vase, celle d'un tuyau de poêle, d'une colonne, d'une sphère, etc.

Nous allons maintenant étudier les surfaces les plus communément employées dans les arts, c'est-à-dire les surfaces cylindriques et coniques et la surface sphérique. Les autres surfaces moins importantes qu'on rencontre dans les constructions ou les machines seront étudiées dans le Cours de géométrie descriptive.

Des surfaces cylindriques et des cylindres.

138. DÉFINITIONS. On appelle *surface cylindrique* la surface engendrée par une ligne droite qui se meut parallèlement à elle-même en s'appuyant constamment sur une courbe fixe appelée *directrice*. Si nous supposons, par exemple, qu'une droite mobile s'appuie sur une courbe ABC (fig. 102), et soit parallèle à une droite fixe MN, cette droite décrira une surface AA'BB'CC'... qui sera une surface cylindrique. Cette surface est évidemment indéfinie. On donne le nom de *génératrices* de la surface aux diverses positions de la droite mobile, telles que AA', BB', CC', etc.

139. Sur toutes ces génératrices, prenons, à partir de la courbe ABC, des longueurs égales AA′=BB′=CC′...; nous formerons une nouvelle courbe A′B′C′... qui est évidemment égale à la courbe ABC; car on pourrait superposer ces deux courbes en faisant glisser l'une d'elles de manière que tous ses points décrivent des longueurs égales et parallèles. De là résulte un autre mode de génération de la surface cylindrique : il suffit de faire mouvoir la courbe ABC de manière que tous ses points décrivent des droites parallèles à MN et égales entre elles, et cette courbe engendrera évidemment la surface cylindrique; dans ce mode de génération, la courbe ABC est la *génératrice courbe* de la surface.

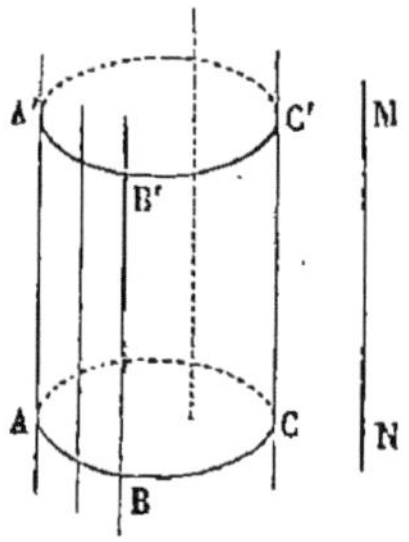

Fig. 102.

140. De toutes les surfaces cylindriques, la plus utile est celle dans laquelle la directrice ABC est une circonférence de cercle, dont le plan est perpendiculaire à la direction fixe MN; on l'appelle la *surface cylindrique de révolution.*

141. Lorsqu'on coupe une surface cylindrique par deux plans parallèles qui rencontrent toutes les génératrices, le corps compris entre la surface cylindrique et les deux plans parallèles s'appelle un *cylindre;* si, dans la figure précédente, nous supposons que les courbes ABC, A′B′C soient planes, et que leurs plans soient parallèles, le corps ABCA′B′C′ sera un cylindre; les deux sections ABC, A′B′C′ s'appellent les *bases* de ce cylindre, et sa *hauteur* est la distance des plans des deux bases.

142. On peut assimiler un cylindre à un prisme ayant un nombre indéfini de faces. En effet, considérons un cylindre ABC... A′B′C′... (fig. 103), et traçons sur sa surface un grand nombre de génératrices très-rapprochées AA′, BB′, CC′, DD′, etc.; ces génératrices seront toutes égales, comme parallèles comprises entre plans parallèles (55). En joignant deux à deux les extrémités de ces droites, nous aurons deux polygones ABCDE... A'B'C'D'E'... égaux et parallèles, et le corps limité par ces deux polygones et par les faces parallélogrammes ABB'A', BCC'B', etc., sera un prisme (104), qui différera d'autant moins du cylindre que les génératrices AA', BB', etc., seront plus voisines. Ce prisme est dit *inscrit* dans le cylindre. Remarquons de plus qu'il a même hauteur que le cylindre, et que ses bases diffèrent très-peu des bases du cylindre. On arriverait au même résultat en prenant pour base du prisme un polygone d'un très-grand nombre de côtés circonscrit à la base du cylindre : le prisme serait dit alors *circonscrit* au cylindre.

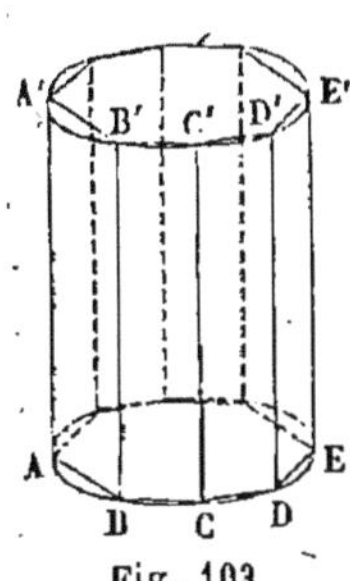

Fig. 103

143. On déduit de là plusieurs conséquences importantes : ainsi, nous avons démontré que les sections faites dans un prisme par des plans parallèles sont des polygones égaux (109) ; il s'ensuit que *les sections faites dans une surface cylindrique par des plans parallèles sont des courbes égales*, puisqu'elles diffèrent aussi peu qu'on voudra de deux polygones qui sont égaux. En particulier, les deux bases d'un cylindre sont égales.

144. Un cylindre est *droit* ou *oblique*, suivant que ses génératrices sont perpendiculaires ou obliques aux plans des bases. Quand un cylindre est oblique, on appelle *section droite* de ce cylindre, la section faite par un plan perpendiculaire à ses génératrices.

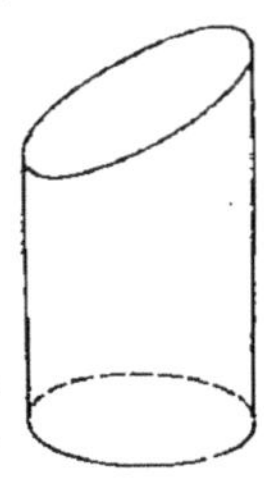
Fig. 104.

On appelle *cylindre tronqué* le corps compris entre une surface cylindrique et deux plans non parallèles (fig. 104) ; le cylindre tronqué peut évidemment être assimilé à un prisme tronqué ayant un nombre très-grand de faces.

145. Le cylindre employé le plus fréquemment, dans

les arts, est le *cylindre droit à base circulaire*. Ce corps s'obtient en coupant une surface cylindrique de révolution par deux plans perpendiculaires aux génératrices : mais on peut encore le considérer comme engendré par la rotation d'un rectangle ACDK autour d'un de ses côtés, de CD, par exemple (fig. 105). Dans ce mouvement, les côtés CA et DK sont constamment perpendiculaires à l'axe CD, et par conséquent décrivent des plans perpendiculaires à cet axe (**19**); les longueurs de ces droites étant invariables, les points A et K tracent des circonférences dont les centres sont les points C et D ; enfin, le côté AK, restant toujours parallèle à CD, décrira une portion de surface cylindrique (**138**); et cette surface sera de révolution, puisqu'elle est engendrée par le mouvement d'une ligne qui tourne autour d'un axe (**137**): pour cette raison, le cylindre droit à base circulaire s'appelle souvent *cylindre de révolution*, et alors on donne le nom d'*axe* à la ligne CD qui joint les centres des deux bases.

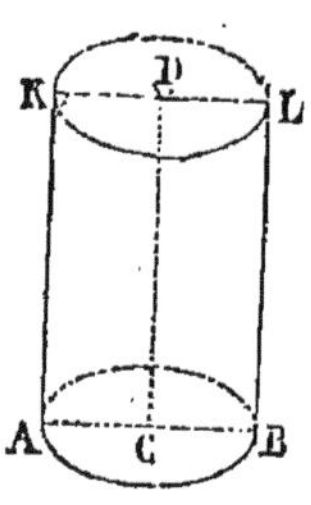

Fig. 105.

146. Il résulte de ce mode de génération de la surface cylindrique de révolution que tous les points de cette surface sont équidistants de l'axe ; on peut alors donner une nouvelle définition de cette surface : *la surface cylindrique de révolution est le lieu géométrique des points situés à une distance constante d'une droite fixe.*

147. D'après ce qui a été dit précédemment, *toute section faite dans un cylindre de révolution par un plan perpendiculaire à l'axe est un cercle égal à la base* (**145**). De plus, les portions de génératrices comprises entre la base et une section perpendiculaire à l'axe sont égales ; car les plans de la base et de la section sont parallèles (**47**). De cette remarque résulte le moyen de *tracer un cercle sur un cylindre droit à base circulaire ;* il suffit de mener un grand nombre de génératrices, à partir de la base, et de prendre des longueurs égales sur toutes ces ligues; leurs extrémités seront sur une même circonférence; en les joignant donc par un trait continu, on aura le cercle demandé. Ce problème a des applications pratiques.

148. La représentation d'un cylindre droit ou oblique au moyen de ses projections n'offre aucune difficulté ; il suffit de se reporter à ce que nous avons dit au sujet du prisme.

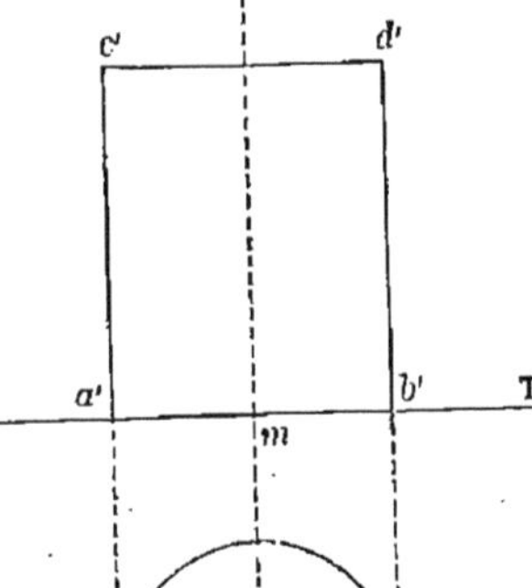

Fig. 106.

Proposons-nous d'abord de *représenter un cylindre circulaire droit, connaissant le diamètre de la base et la hauteur de ce cylindre.*

Nous prendrons pour plan horizontal de projection le plan de la base du cylindre, et nous tracerons le cercle ab égal à cette base : tous les points de la surface du cylindre se projetteront sur cette circonférence, puisque les génératrices sont perpendiculaires au plan de la base (**86**). La projection verticale sera le rectangle $a'b'c'd'$, ayant pour côtés le diamètre du cercle et la hauteur du cylindre; l'axe du cylindre se projettera horizontalement au centre n du cercle, et verticalement suivant une perpendiculaire à la ligne de terre.

149. Proposons-nous, en second lieu, *de représenter par ses projections un cylindre oblique, connaissant sa base, sa hauteur et la pente des génératrices.*

Prenons pour plan horizontal de projection le plan de l'une des bases, et pour plan vertical de projection un plan parallèle aux génératrices du cylindre. Dans le plan horizontal, je trace la base ab (fig. 107); les génératrices du cylindre sont des parallèles au plan vertical menées des divers points de cette courbe ; elles auront donc leurs projections horizontales parallèles à la ligne de terre, et tout le cylindre se projettera entre deux tangentes *fg* et *hi* à la base, menées parallèlement à LT. On mènera ensuite *aa'* et *bb'* perpendiculaires à la ligne de terre et tangentes à la base, et par les points *a'* et *b'*, on tracera des lignes inclinées sur la ligne de terre d'un angle égal à celui qui correspond à la pente des génératrices ; c'est entre ces lignes parallèles *a'c'*, *b'd'* que se projetteront toutes les génératrices du cylindre. La base supérieure aura

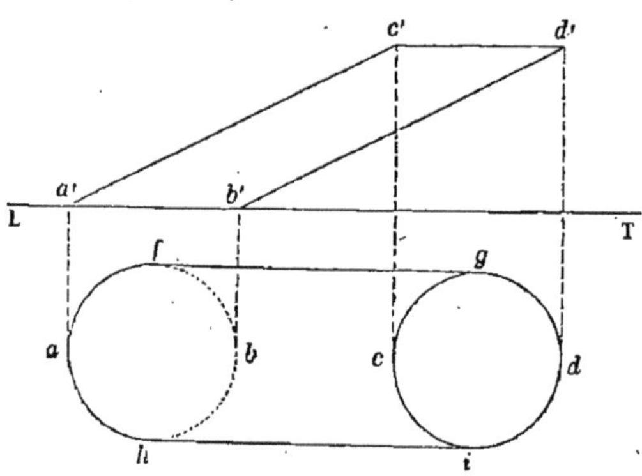

Fig. 107.

pour projection verticale une ligne *c'd'* parallèle à LT et menée à une distance de cette ligne égale à la hauteur du cylindre, qui est connue. Enfin, si l'on mène par les points *c'* et *d'* des perpendiculaires à la ligne de terre, et qu'on décrive entre ces deux droites une courbe *cgdi* égale à la courbe *ab*, on aura la projection horizontale de la base supérieure du cylindre, et la représentation du cylindre sera complète. Il suffira, pour se rendre bien compte de ces constructions, de se rappeler le mode de représentation du prisme oblique (**106**), et d'imaginer ensuite que la base de ce prisme devienne une courbe telle que *afbh*.

150. Applications. Beaucoup de corps employés dans nos constructions et dans les arts industriels ont la forme cylindrique, et nous pouvons indiquer dès à présent quelques-uns des procédés qu'on emploie pour les façonner.

Ces procédés sont fondés sur les deux modes de génération que nous avons indiqués plus haut.

151. Les voûtes connues sous le nom de *berceaux* ont la forme de demi-cylindres droits ou obliques, ayant pour bases des cercles ou des anses de panier (Géom. pl., **257**). Pour les construire, on dresse d'abord sur les pieds-droits de la voûte des *cintres* en bois, parallèles et égaux entre eux (fig. 108); sur ces cintres, on dispose des madriers très-rap-

Fig. 108.

prochés et parallèles, qui figurent les génératrices du cylindre ; le maçon place ensuite sur ces madriers les pierres ou les briques qui doivent former la voûte ; quand elle est achevée, on enlève les cintres et les madriers, et la surface intérieure de la voûte est bien une surface cylindrique, puisqu'elle admet un grand nombre de génératrices droites parallèles (**138**).

152. Les charpentiers et les tailleurs de pierres, pour exécuter des colonnes cylindriques en bois ou en pierre, commencent par confectionner avec la pierre ou le bois un prisme ayant pour base un polygone régulier circonscrit à la base du cylindre ; puis ils abattent les arêtes de ce prisme, de manière à doubler le nombre des faces ; en doublant encore une ou plusieurs fois le nombre de ces faces, ils arrivent à faire un prisme ayant un très-grand nombre de faces très-étroites, et qui diffère extrêmement peu d'un cylindre (**142**).

153. Lorsqu'on veut façonner une surface cylindrique de révolution avec une grande exactitude, on emploie le *tour*. Le bloc de bois, de pierre ou de métal étant monté sur l'axe du tour, on lui donne un mouvement de rotation rapide, et on lui présente un outil tranchant qu'on maintient à une distance constante de l'axe, en le faisant mouvoir le long de cet axe. Dans chacune de ces positions, cet outil trace sur la pièce qu'on travaille une circonférence de cercle dont le centre est sur l'axe du tour, et dont le plan est perpendiculaire à cet axe ; de plus toutes ces circonférences ont le même rayon ; elles forment donc une surface cylindrique. C'est par ce procédé que les tourneurs en bois font des pieds de tables, des bâtons de chaises, des colonnettes à peu près cylindriques ; le même moyen est appliqué avec une très-grande précision dans les ateliers mécaniques pour fabriquer des cylindres métalliques pleins ou creux de grande dimension et d'une perfection remarquable ; le tour est mû par une machine à vapeur ou une roue hydraulique, et l'outil qui entame le métal est porté sur un chariot qui reçoit de la même machine un mouvement rectiligne parallèle à l'axe ; on emploie des machines de cette espèce pour faire les tiges des pistons des machines à vapeur, pour *aléser* les corps de pompes des mêmes machines, dont la surface intérieure doit être parfaitement cylindrique, pour forer les canons, etc.

154. Pour faire des cylindres d'un faible diamètre comme les fils de fer ou de cuivre, on emploie un instrument appelé *filière* ; c'est tout simplement une lame d'acier bien trempé, percée d'une série de trous circulaires de diamètres différents, et portant chacun un numéro distinct (fig. 109). On fixe cette plaque dans un étau, puis on prend la barre de métal qu'on veut étirer, et on en amincit le bout, de manière qu'il puisse entrer dans le trou le plus gros; on saisit ensuite ce bout avec une pince, et on tire la barre bien en ligne droite en la forçant à passer au travers du trou ; il est clair que sa surface sera alors cylindrique, parce qu'on peut la considérer comme engendrée par un cercle, de même rayon que le trou de la filière, qui se dé-

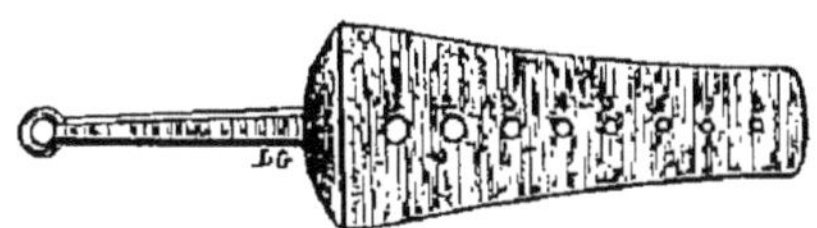

Fig. 109.

place parallèlement à lui-même suivant une ligne droite. Pour faire un fil plus fin, on fera passer le premier fil obtenu dans le second trou de la filière, et ainsi de suite. Il est bon de remarquer que, dans cette suite d'opérations, le métal tend à devenir cassant, et qu'on doit le *recuire* de temps en temps; il est clair aussi que le fil s'allonge de plus en plus, à mesure que son diamètre diminue.

C'est au moyen de filières particulières que se fabriquent les tuyaux cylindriques en terre cuite qu'on emploie pour le drainage, le macaroni, les tubes de plomb, etc.

On emploie d'autres procédés pour fabriquer les cylindres formés de matières flexibles, comme la tôle, le carton, le cuir; mais ils sont basés sur une propriété importante des surfaces cylindriques que nous allons démontrer.

155. Théorème. *Toute surface cylindrique peut être développée sur un plan sans déchirure ni duplicature.*

Pour démontrer ce théorème, nous pouvons supposer que la surface cylindrique soit limitée par deux sections droites. Cela posé, considérons d'abord un prisme droit inscrit dans le cylindre, et supposons que ce soit le prisme pentagonal ABCDEA'B'C'D'E'; j'ouvre la surface latérale de ce prisme suivant l'arête AA', et je fais tourner la face rectangulaire AA'B'B autour de AA' jusqu'à ce qu'elle soit dans un plan fixe mené arbitrairement par la droite AA'; cette face formera dans ce plan un rectangle A*bb'*A', ayant

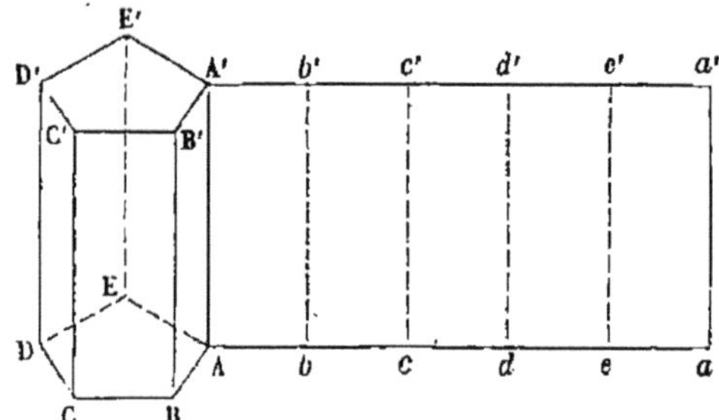

Fig. 110.

même hauteur que le prisme, et ayant pour base une ligne A*b* égale à AB. Supposons ensuite que la face adjacente B'BCC' tourne de même autour de *bb'* jusqu'à ce qu'elle se trouve dans le plan fixe; elle donnera un rectangle *b'bcc'*, de même hauteur que le prisme, et ayant pour base une ligne *bc* égale à BC. On pourra continuer de même, et développer ainsi sur un plan toute la surface latérale du prisme. D'ailleurs tous les rectangles obtenus, ayant même hauteur, formeront par leur juxtaposition un rectangle A*aa'*A' ayant pour hauteur la hauteur du prisme et pour base la somme des côtés AB, BC, CD, DE, EA de la base de ce prisme, ou, en d'autres termes, le périmètre de la base de ce prisme. Ce rectangle s'appelle le *développement* de la surface latérale du prisme.

Supposons maintenant que le nombre des faces du prisme augmente de plus en plus; la propriété précédente subsistera toujours, et par conséquent elle aura lieu pour le cylindre qui est la limite vers laquelle tend le prisme. Donc toute surface cylindrique est développable sur un plan, et, de plus, *le développement d'une surface cylindrique droite limitée est un rectangle dont la hauteur est égale à celle du cylindre, et dont la base est égale à la circonférence de la base du cylindre rectifiée.*

156. Remarque. Ce théorème donne le moyen de tracer le développement d'une surface cylindrique de révolution limitée ; car nous avons donné dans la géométrie la formule qui fait connaître avec autant d'exactitude qu'on veut la longueur d'une circonférence dont on connaît le rayon (Géom. pl., **478**). Si la section droite du cylindre n'était pas un cercle, on inscrirait dans cette courbe une ligne brisée de côtés très-petits ; la longueur de cette ligne brisée différerait très-peu de la circonférence de la ligne courbe.

157. Application. Les poêliers, les ferblantiers, les boisseliers, les cartonniers, etc., mettent à profit la propriété précédente, quand ils veulent construire des tuyaux, des vases, des boîtes cylindriques. Ils découpent une feuille de tôle, de fer-blanc, de carton, ou une planchette de bois flexible de manière qu'elle soit égale au développement de la surface cylindrique à construire ; ils enroulent ensuite cette feuille rectangulaire sur un moule cylindrique d'un diamètre convenable, jusqu'à ce que les deux côtés opposés du rectangle se rejoignent. Il est évident d'ailleurs qu'il faudra donner à ce rectangle une largeur un peu supérieure à la circonférence de base du cylindre, pour que les deux bords se recouvrent, et qu'on puisse les agrafer, les souder, les clouer, ou les coller l'un à l'autre. Quand le cylindre doit être fermé à l'une des extrémités, on y adapte ensuite un fond circulaire. C'est ainsi que sont fabriquées les mesures de capacité en bois ou en fer-blanc (V. le Système métrique), les seaux cylindriques en zinc ou en fer-blanc, les cartons cylindriques, les fourreaux cylindriques en cuir, etc. ; quant aux tuyaux de poêle, ils sont ouverts aux deux bouts.

158. Problème. *Représenter par ses projections un cylindre droit tronqué à base circulaire, et tracer le développement de la surface latérale de ce corps.*

Je prendrai pour plan horizontal de projection le plan de la base du cylindre, et, pour plan vertical, un plan perpendiculaire au plan de la base supérieure ; les projections du corps s'obtiendront alors sans difficulté ; il suffit de se reporter à la représentation du prisme tronqué (**107**). Proposons-nous maintenant de tracer le développement

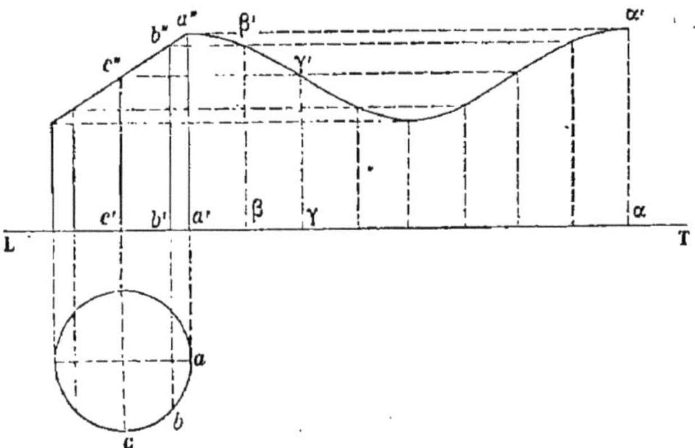

Fig. 111.

de la surface latérale du cylindre tronqué ; je suppose que le cylindre soit fendu le long de la génératrice $a'a''$, et qu'on le développe sur le plan vertical ; la base abc... se développera suivant une ligne $a'\alpha$ égale à la circonférence de cette base, et les génératrices partant des points a, b, c... prendront les positions $a'a''$, $\beta\beta'$, $\gamma\gamma'$... ; quant aux longueurs de ces génératrices, il suffit, pour les avoir, de se rappeler que ces lignes, parallèles au plan vertical, s'y projettent en vraie grandeur ; on prendra donc $\beta\beta' = b'b''$, $\gamma\gamma = c'c''$, etc. En joignant par un trait continu les points a'', β', γ'... α', on obtiendra la transformée de la base supérieure du cylindre tronqué.

En résumé, voici la construction pratique qu'il faut suivre : on divise la circonférence de la base du cylindre en un certain nombre de parties égales, 8 ou 12, par exemple ; sur une ligne droite indéfinie, on prend une longueur $a'\alpha$ égale à cette circonférence, et on divise cette ligne en autant de parties égales que la circonférence ; par les points de division, on élève des perpendiculaires à $a'\alpha$, et on porte sur ces perpendiculaires des longueurs respectivement égales à celles des génératrices successives menées par les points de division de la base.

159. Remarque I. Si l'on découpait la figure $a'a''\beta'\gamma'\ldots\alpha'\alpha$, en l'enroulant sur un moule cylindrique de même diamètre que le cercle de base, la courbe sinueuse $a''\beta'\gamma'\ldots\alpha'$ se transformerait en une courbe plane-convexe qui n'est autre chose que la base supérieure du cylindre tronqué. C'est ainsi que les poêliers font les deux portions d'un tuyau de poêle qui doivent être réunies pour faire un tuyau coudé ; on fabrique de même les seaux à charbon en tôle employés dans les appartements.

160. Remarque II. La base supérieure du cylindre tronqué est une espèce d'ovale, à laquelle on a donné le nom d'*ellipse*. Cette courbe, dont les applications sont nombreuses et importantes, sera étudiée dans le cours de quatrième année.

161. Définition. Considérons une surface cylindrique quelconque, et, par une génératrice AB, menons un plan qui coupe la surface; soit C un des points d'intersection; le plan de la droite AB et du point C contiendra la génératrice CD qui passe par le point C ; car cette ligne est parallèle à AB, et l'on sait que deux parallèles sont toujours dans un même plan. Concluons de là que *tout plan qui pénètre dans une surface cylindrique suivant une génératrice, la coupe suivant une autre génératrice.*

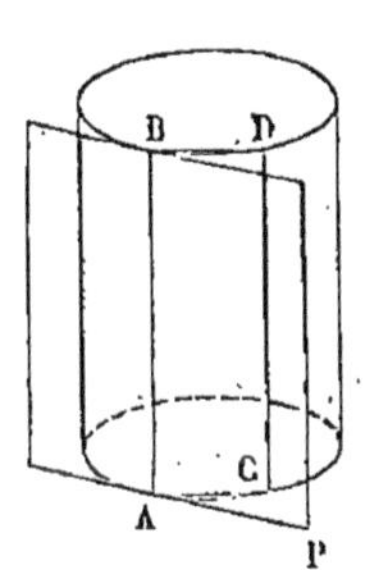

Fig. 112.

162. Supposons maintenant que la génératrice CD se rapproche de plus en plus de AB; le plan ABDC tournera autour de AB, et, lorsque la ligne CD coïncidera avec

AB, ce plan occupera une certaine position ABP ; on dit alors que le plan est *tangent* à la surface cylindrique.

Remarquons que la sécante AC à une courbe quelconque tracée sur le cylindre deviendra en même temps tangente à cette courbe ; donc le plan tangent en un point A d'une surface cylindrique est déterminé par la génératrice de ce point et la tangente à une courbe quelconque menée par ce point sur la surface. Il résulte évidemment de la définition qui précède que, par une génératrice quelconque d'un cylindre, on peut lui mener un plan tangent, et que ce plan touche la surface tout le long d'une génératrice, dite alors génératrice de *contact*.

163. On déduit de ce qui précède quelques applications pratiques : couchons un cylindre sur un plan, de manière qu'il le touche suivant une génératrice (fig. 113) ; on pourra faire rouler le cylindre sur le plan sans qu'il cesse de lui être tangent ; c'est ce qui arrive, par exemple, lorsque, pour faire avancer une pierre de taille très-lourde sur un plan, on la place sur des rouleaux cylindriques ; en poussant la pierre, les rouleaux se mettent en mouvement sans cesser d'être tangents à la fois à la face inférieure de la pierre de taille et au plan fixe ; cette interposition de cylindres entre le fardeau à mouvoir et le sol a pour effet de diminuer beaucoup le frottement, et par suite la force nécessaire pour le déplacement du corps. Citons encore, comme applications des cylindres et des plans tangents, le rouleau que les cultivateurs emploient pour briser les mottes de terre et pour aplanir la surface d'une pièce labourée, et le rouleau que le pâtissier emploie pour étendre la pâte.

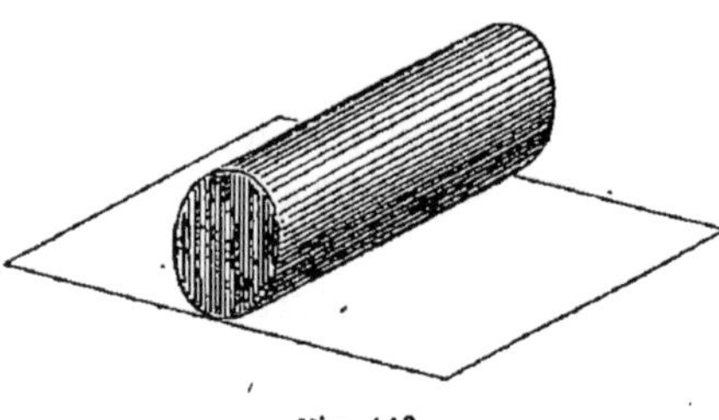

Fig. 113.

Enfin les surfaces cylindriques tangentes à des plans servent, dans les constructions, à *raccorder* des surfaces planes parallèles ; ainsi les voûtes en berceau sont des surfaces cylindriques tangentes aux murs verticaux parallèles qui forment les pieds-droits de la voûte; nous avons donné en géométrie plane les procédés pratiques qui servent à construire les bases de ces surfaces cylindriques (Géom. pl., **224**, **257**, **258**); quant aux génératrices de ces mêmes surfaces, elles sont horizontales ou inclinées; mais dans tous les cas elles sont parallèles aux plans verticaux qui supportent le berceau.

164. Après avoir étudié les sections planes des surfaces cylindriques et leurs principales applications, nous allons dire quelques mots des intersections de deux surfaces cylindriques dans les cas les plus simples. Nous supposerons toujours que les surfaces cylindriques considérées soient de révolution, et que leurs axes soient dans un même plan.

165. Examinons d'abord le cas très-simple où les deux surfaces ont le même axe; leurs bases seront alors des cercles concentriques, et il est évident que les cylindres ne se couperont pas. De plus, si par un point quelconque de l'axe on lui mène une perpendiculaire, la partie de cette ligne comprise entre les deux surfaces cylindriques sera égale à la différence de leurs rayons; elle est donc constante; c'est ce qu'on exprime d'une manière abrégée en disant que *deux surfaces cylindriques concentriques sont partout également distantes.*

Les tuyaux cylindriques en fer, en fonte, en plomb, employés pour conduire l'eau ou le gaz, les tubes de verre nous offrent des exemples de deux surfaces cylindriques concentriques; ce sont la surface intérieure et la surface extérieure du tuyau. On peut en dire autant de tous les cylindres creux; car, la matière dont ils sont formés ayant toujours une certaine épaisseur, la surface intérieure et la surface extérieure sont deux surfaces cylindriques distinctes, ordinairement concentriques.

166. Supposons en second lieu que les axes des deux

cylindres considérés soient parallèles, et que ces deux surfaces se coupent; je dis que l'intersection se composera de deux génératrices. Soient HH' et II' les axes des deux surfaces; je les coupe par un même plan perpendiculaire aux axes; les sections seront des cercles qui se couperont en deux points A et B; par le point A, je mène une parallèle à la ligne HH'; cette ligne sera une génératrice du premier cylindre; mais cette ligne sera en même temps parallèle à II' (**29**); donc elle sera aussi une génératrice du second cylindre; les deux cylindres ont donc une génératrice commune AA'; on prouverait de même qu'ils se coupent encore suivant une autre génératrice BB' passant par le point B.

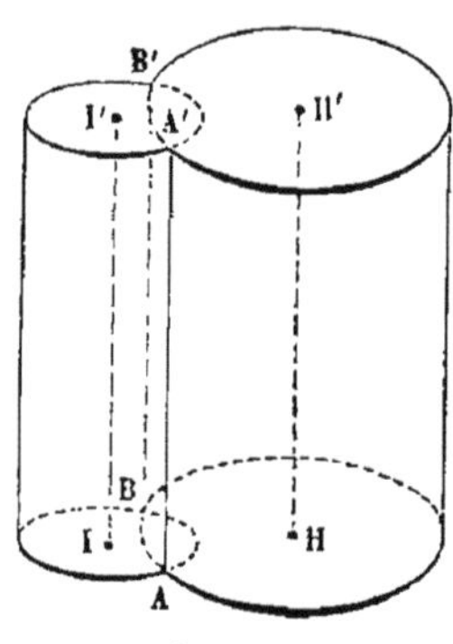

Fig. 114.

On trouve des exemples de cylindres se coupant ainsi suivant des génératrices dans les colonnes cannelées qui ornent beaucoup de monuments; les cannelures sont des surfaces cylindriques creuses qui coupent le fût cylindrique de la colonne suivant des lignes droites. Lorsque deux berceaux cylindriques ont leurs axes parallèles et se rencontrent, leur intersection est une ligne droite; c'est ce qu'on peut voir dans les *berceaux en ogive* de nos églises gothiques.

167. Deux surfaces cylindriques dont les axes sont parallèles peuvent avoir même plan tangent le long d'une génératrice commune; on dit alors que ces surfaces sont *tangentes* le long de cette génératrice. On emploie souvent dans les machines des cylindres tangents : quand on veut faire tourner une roue ou un arbre autour de son axe, on termine cet axe par deux cylindres concentriques de petit diamètre, appelés *tourillons*, et on les fait re-

Fig. 115.

poser sur deux demi-cylindres creux d'un diamètre un peu supérieur qu'on appelle des *coussinets* (fig. 115); chaque

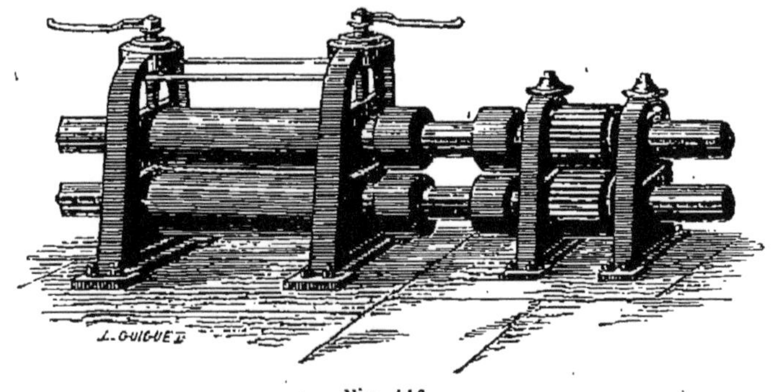

Fig. 116.

tourillon dans son mouvement de rotation reste constamment tangent à la surface intérieure du coussinet. Les laminoirs qu'on emploie dans l'industrie pour faire des feuilles de tôle sont composés essentiellement de deux cylindres dont les axes sont parallèles et qui peuvent être rapprochés l'un de l'autre jusqu'à devenir tangents (fig. 116); il en est de même des cylindres employés dans les papeteries pour faire le papier sans fin. Enfin, dans certaines machines délicates, on remplace les engrenages par deux cylindres tangents A et B calés sur des axes parallèles CD et EF (fig. 117); on communique à CD un mouvement de rotation, et le cylindre A fait tourner le cylindre B en sens contraire, à cause de l'adhérence des deux surfaces tangentes.

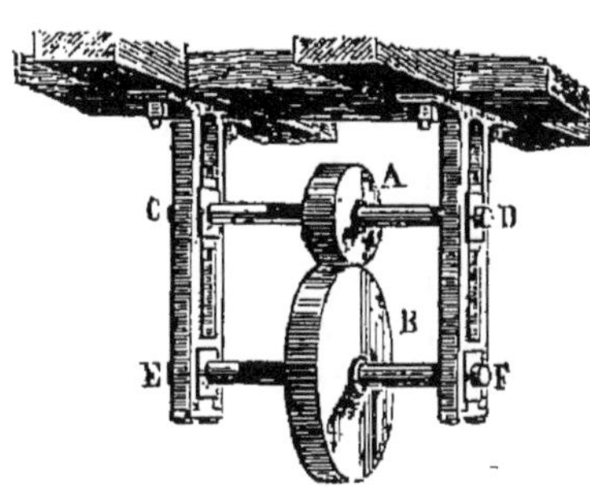

Fig. 117.

168. Je considère enfin deux cylindres de révolution dont les axes se rencontrent, et, pour plus de simplicité, je suppose en outre que ces deux cylindres aient le même rayon. Il peut arriver trois cas : ou bien les deux cylindres s'arrêtent mutuellement, ou bien ils se traversent l'un l'autre, ou enfin l'un d'eux seulement est arrêté par l'autre. J'examine d'abord le premier cas : soient OH et OI les axes des deux cylindres ; le plan de ces deux axes coupe chaque cylindre suivant deux génératrices, AC et BE pour le premier, AD et BF pour le second ; de plus les deux cylindres ayant le même rayon, le point A et le point B sont chacun à égale distance des deux axes, et par conséquent la ligne AB est la bissectrice de l'angle des deux axes et passe au point O (Géom. pl., **161**). Par la ligne AB, je fais passer un plan perpendiculaire au plan des deux axes ; je dis que l'intersection des deux cylindres est entièrement contenue dans ce plan. En effet, soit *m* un point de cette intersection ; j'abaisse du point *m* une perpendiculaire *ma* sur le plan HOI, et du pied *a* de cette perpendiculaire, je mène *ab* et *ac* respectivement perpendiculaires à OH et à OI ; enfin je joins *mb* et *mc*. En vertu du théorème des trois perpendiculaires (**25**), *mb* est perpendiculaire à OH, et *mc*, à OI ; donc ces deux lignes mesurent les distances du point *m* aux axes des deux cylindres, ou, ce qui est la même chose, les rayons de ces deux cylindres ; ces rayons étant égaux, on a : $mb = mc$; par suite *ab* est égale à *ac* (Géom. pl., **307**) ; c'est-à-dire que le point *a* est également distant de OH et de OI ; il appartient donc à la ligne AB bissectrice de l'angle HOI ; il en résulte que la ligne *am* et par conséquent le point *m* se trouvent dans le plan perpendiculaire au plan HOI, mené par la ligne AB ; C. Q. F. D.

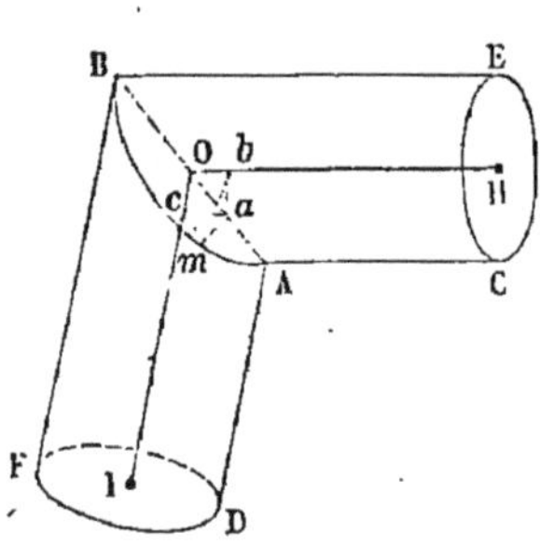

Fig. 118.

L'intersection des deux cylindres est donc une courbe plane, et, comme on donne le nom d'ellipse à la courbe qu'on obtient en coupant un cylindre de révolution par un plan oblique à l'axe, la propriété précédente s'énoncera ainsi :

Lorsque deux surfaces cylindriques de révolution de même rayon, et dont les axes se coupent, s'arrêtent mutuellement, leur intersection est une ellipse.

169. Il est bien aisé maintenant de passer aux autres cas. Lorsque les deux cylindres se traversent l'un l'autre (fig. 119), l'intersection se compose de deux ellipses situées dans les plans perpendiculaires au plan des deux axes, menés suivant les lignes AB et CD. Ces deux ellipses se coupent en deux points *m* et *n* qui partagent chacune d'elles en deux parties égales. Si l'on suppose enfin que l'un des cylindres, le cylindre II' par exemple, ne dépasse pas l'autre, les moitiés *m*B*n* et *m*C*n* de ces deux ellipses disparaîtront, et l'intersection se composera seulement des deux demi-ellipses *m*A*n*, *m*D*n*. D'où les théorèmes suivants :

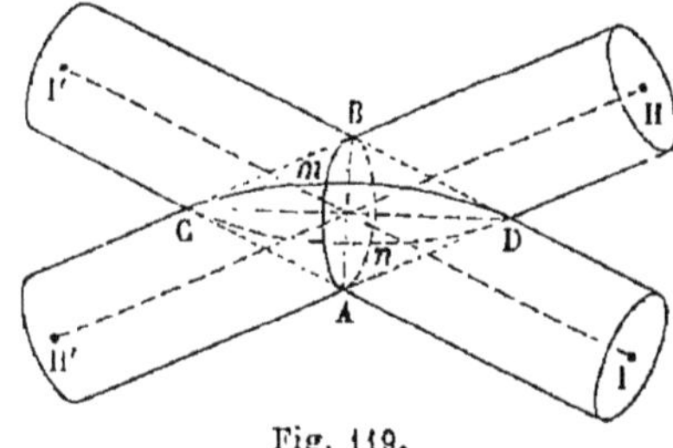

Fig. 119.

Lorsque deux surfaces cylindriques de révolution, de même rayon, et dont les axes se coupent, sont prolongées indéfiniment, leur intersection se compose de deux ellipses qui se coupent mutuellement en deux parties égales.

Si des deux surfaces, la première est prolongée indéfiniment, et que la seconde soit arrêtée par la première, l'intersection se compose de deux demi-ellipses.

170. Applications. Les poêliers font usage des propriétés qui précèdent pour fabriquer des tuyaux de poêle coudés (fig. 120) ou en forme de T (fig. 121). Pour tailler les feuilles de tôle qui doivent former ces tuyaux, ils déterminent l'inclinaison du plan de chaque ellipse sur les deux axes; cet angle est ordinairement de 45°; puis, par la

IMPRIM

construction donnée au n° **158**, ils tracent la courbe que donnerait sur un plan chacune de ces ellipses, si l'on

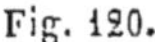

Fig. 120. Fig. 121.

y développait le cylindre; ils ont ainsi les patrons suivant lesquels il faut découper la tôle pour les deux tuyaux.

En architecture, et surtout dans la construction des voûtes, on a souvent à tracer l'intersection de deux cylindres; nous ne citerons ici que la *voûte d'arête* (fig. 122), et l'*arc*

Fig. 122.

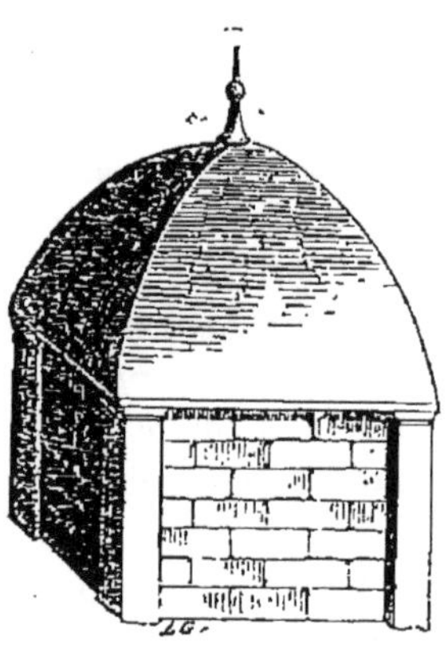

Fig. 123.

de cloître (fig. 123), qui sont formés tous les deux par la rencontre de deux *berceaux* ayant même *plan de naissance* et même rayon, c'est-à-dire de deux surfaces cylindriques de même rayon, dont les axes se rencontrent, en formant le plus souvent un angle droit. La voûte d'arête s'observe fréquemment dans les caves de nos habitations au point de rencontre de deux couloirs voûtés de même hauteur ; l'arc de cloître est employé pour recouvrir des salles carrées ; on le trouve principalement dans les anciens édifices, et aussi quelquefois dans nos caves.

Des surfaces coniques et des cônes.

171. Définitions. On appelle *surface conique* la surface engendrée par une ligne droite qui passe par un point fixe A, et qui s'appuie constamment sur une courbe fixe BCD, qui est la *directrice* de la surface; le point A se nomme le *sommet*, et les droites AB, AC, AD, etc., qui joignent le sommet aux différents points de la directrice, prennent le nom de *génératrices*. Les génératrices étant des droites indéfinies qui se croisent au sommet, la surface se compose de deux parties distinctes séparées par ce sommet, et qui s'appellent les deux *nappes* de la surface ; dans les applications, on n'a jamais besoin de considérer ces deux nappes ; aussi, supposerons-nous ordinairement la surface conique réduite à une seule.

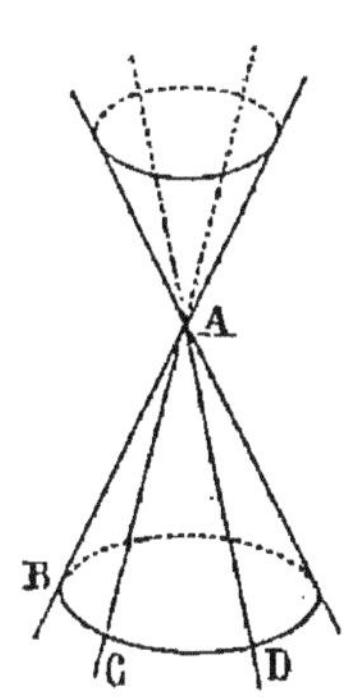

Fig. 124.

Si l'on coupe une surface conique par un plan qui rencontre toutes les génératrices d'un même côté du sommet, on forme un corps qui s'appelle un *cône*; la section plane qui limite le cône, en est la *base*, et la distance du sommet au plan de la base est la *hauteur* de ce cône.

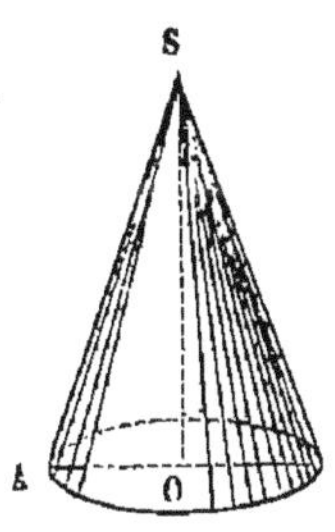

Fig. 125.

Le cône est dit *circulaire*, quand sa base est un cercle; un cône circulaire est *droit*, lorsque la droite SO qui joint le sommet au centre de la base est perpendiculaire au plan de cette base; il est *oblique* dans le cas contraire. Le cône circulaire droit est le plus employé dans les applications.

172. Tout cône peut être assimilé à une pyramide ayant un nombre extrêmement grand de faces latérales. En effet, dans la base du cône inscrivons un polygone ABCDE, et joignons les points A, B, C, D, E au sommet; nous formerons ainsi une pyramide SABCDE qui est dite *inscrite* dans le cône. Or, si l'on augmente indéfiniment le nombre des côtés de la base de cette pyramide, elle se rapprochera de plus en plus du cône, et en différera aussi peu qu'on voudra. On arriverait au même résultat en prenant pour base de la pyramide un polygone circonscrit à la base du cône, et supposant que le nombre des côtés de ce polygone augmente indéfiniment.

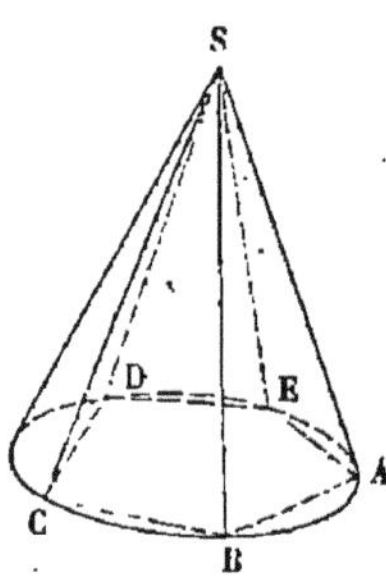

Fig. 126.

Dans le cas du cône circulaire droit, on prend habituellement, pour base de la pyramide, un polygone régulier inscrit ou circonscrit à la base du cône, et alors la pyramide obtenue est *régulière* (**119**).

173. On déduit de là une conséquence importante : nous avons vu que, si l'on coupe une pyramide par deux plans parallèles, les sections sont des polygones semblables (**122**); donc *les sections faites dans un cône par des plans parallèles, sont des courbes semblables*. En particulier, si l'on coupe un cône circulaire par un plan parallèle à la base, la section est un cercle. Cettepr opriété nous conduit à un nouveau mode de génération des surfaces coniques : considérons une section plane AB de la surface conique (fig. 127), et supposons que le

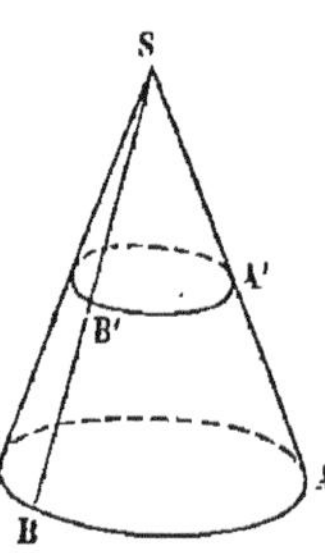

Fig. 127.

plan de cette courbe se déplace parallèlement à lui-même, en même temps que la courbe se transforme graduellement, de manière à rester toujours semblable à la courbe AB ; supposons de plus que les points A′ et B′ de la courbe mobile, qui sont les homologues des deux points A et B de la courbe fixe, restent constamment sur les droites SA et SB, qui passent par le sommet du cône, la courbe mobile engendrera la surface conique.

174. On appelle *tronc de cône à bases parallèles*, le solide qu'on obtient en coupant un cône par un plan parallèle à sa base et enlevant le cône ainsi détaché ; les deux *bases* du tronc de cône sont deux sections parallèles faites dans la surface conique ; ce sont par conséquent des courbes semblables. La *hauteur* du tronc de cône est la distance des plans des deux bases. Il est clair que le tronc de cône peut être assimilé à un tronc de pyramide ayant un très-grand nombre de faces latérales.

175. Le cône circulaire droit peut être engendré par la révolution d'un triangle rectangle SOA autour d'un des côtés de l'angle droit, de SO par exemple (fig. 128). Dans ce mouvement, la droite OA, perpendiculaire à l'axe de rotation, engendre un plan perpendiculaire à cet axe (**18**), et le point B décrit dans ce plan une circonférence de cercle ayant pour centre le point O. La droite SA engendre une surface conique d'après la définition (**171**) ; de plus, le cône ainsi formé a pour base un cercle, et la ligne SO, qui joint le sommet au centre de ce cercle, est perpendiculaire au plan de la base ; c'est donc un cône circulaire droit. Pour cette raison, le cône circulaire droit s'appelle aussi *cône de révolution* ; la surface conique qui limite ce cône est dite aussi *de révolution*, et la ligne SO qui joint le sommet au centre de la base s'appelle l'*axe* de cette surface ; la longueur de l'hypoténuse SA du triangle mobile est le *côté* du cône.

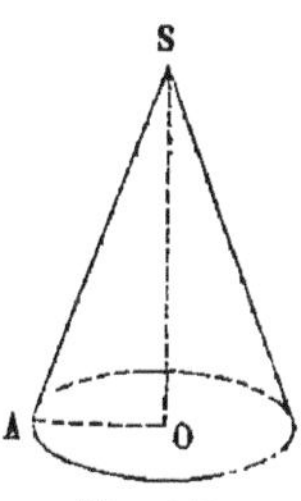

Fig. 128.

Il est bon de remarquer que l'angle de la génératrice avec l'axe conserve toujours la même valeur; on peut donc dire que *la surface conique de révolution est engendrée par une ligne droite qui tourne autour d'un axe qu'elle coupe en un point fixe, en faisant un angle constant avec cet axe.*

On verrait de même que le tronc de cône droit à bases circulaires peut être engendré par la révolution d'un trapèze rectangle autour du côté qui est perpendiculaire aux bases; les deux bases de ce trapèze décrivent les bases du tronc de cône, et le côté oblique aux bases du trapèze décrit la surface courbe du tronc de cône; ce côté du trapèze s'apelle le *côté* du tronc de cône.

Tous les plans menés perpendiculairement à l'axe d'un cône de révolution sont parallèles à la base; donc ils coupent le cône suivant des cercles qui ont leurs centres sur l'axe.

176. Il est facile de représenter par leurs projections un cône circulaire droit ou oblique et un tronc de cône à bases parallèles : il suffit de se reporter à ce qui a été dit au sujet de la pyramide et du tronc de pyramide. Nous donnons seulement le dessin du cône oblique à base circulaire; nous aurons occasion plus loin de parler du cône droit et du tronc de cône. On a pris pour plan horizontal le plan de la base *ab* du cône, et pour plan vertical un plan parallèle à la ligne qui joint le sommet au centre de cette base; la projection horizontale *so* de cette ligne est alors parallèle à la ligne de terre; la projection horizontale du cône est limitée par le cercle de base et les tangentes menées du point *s* à ce cercle; la projection verticale est le triangle *s'a'b'*.

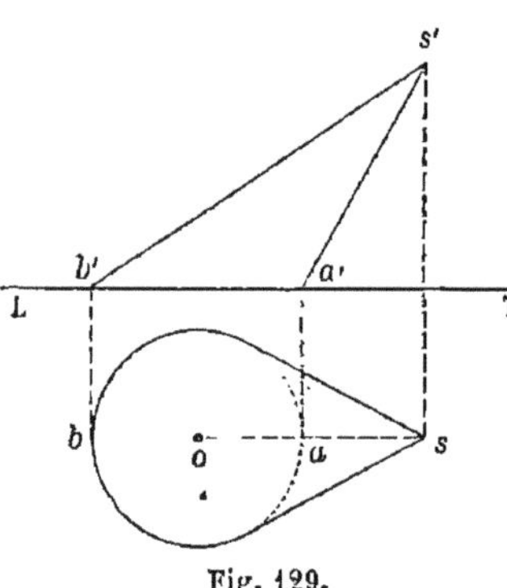

Fig. 129.

177. Applications. Les surfaces coniques et les cônes sont assez souvent employés dans nos constructions et dans les arts industriels; nous allons dire un mot des procédés pratiques mis en usage pour les façonner.

On emploie quelquefois, pour recouvrir des galeries dont les murs latéraux ne sont pas parallèles, des voûtes coniques appelées voûtes *canonnières*, qu'on construit d'une manière analogue aux berceaux (**151**); seulement les cintres ne sont pas égaux, et les madriers disposés sur ces cintres, pour figurer les génératrices de la surface, ne sont pas parallèles, mais convergent vers un même point; ces voûtes coniques sont d'ailleurs peu employées. On trouve dans les anciennes constructions d'autres voûtes coniques, appelées *trompes*, et qui servent à supporter une tourelle placée dans l'angle d'un mur.

178. Les charpentiers et les tailleurs de pierres ont besoin quelquefois de façonner des pièces de bois ou des blocs de pierre en forme de troncs de cône, par exemple pour tailler la portion supérieure du fût d'une colonne; ils commencent alors par faire un tronc de pyramide; puis ils abattent successivement les arêtes latérales de ce corps jusqu'à ce qu'il diffère très-peu d'un tronc de cône.

179. Mais c'est principalement au moyen du tour qu'on parvient à donner très-exactement à un corps la forme conique; il faut alors que l'outil tranchant reçoive un mouvement rectiligne oblique à l'axe, pendant que la pièce tourne autour de cet axe; c'est par ce moyen qu'on travaille dans les ateliers mécaniques les arbres coniques des machines, la surface extérieure des canons, etc. D'autres fois, l'outil a la forme d'un couteau dont le tranchant bien rectiligne est fixé dans une position oblique à l'axe et dans son plan : c'est ainsi que les potiers donnent aux vases de terre la forme de troncs de cône de révolution.

Quant aux cônes qui doivent être formés de feuilles flexibles de métal ou de carton, on utilise, pour les fabriquer, une propriété très-importante des surfaces coniques que nous allons démontrer.

180. THÉORÈME. *Toute surface conique est développable sur un plan sans déchirure ni duplicature.*

Considérons d'abord une pyramide SABCDE ; par l'une des arêtes SA faisons passer un plan quelconque sur lequel nous allons développer la surface latérale de cette pyramide ; ouvrons cette surface le long de l'arête SA, et faisons tourner le triangle SAB autour de SA, jusqu'à ce qu'il s'applique dans le plan fixe ; il occupera alors la position SA*b* ; si l'on fait ensuite tourner le triangle SBC autour de S*b*, il viendra à son tour s'appliquer sur le plan fixe en S*bc*, et ainsi de suite ; toutes les faces de la pyramide viendront l'une après l'autre s'appliquer dans un même plan, et y formeront une figure polygonale SA*bcdea*, qui est le *développement* de la surface latérale de la pyramide ; et les côtés A*b*, *bc*, *cd*, etc., sont respectivement égaux aux côtés AB, BC, CD, etc., de la base de la pyramide.

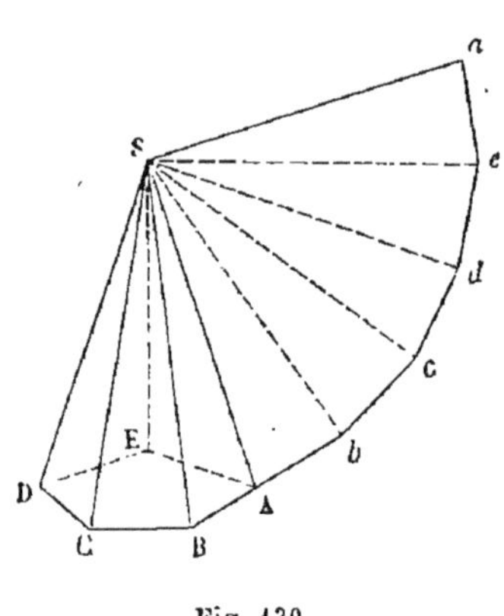

Fig. 130.

Si l'on suppose maintenant que la pyramide ait un nombre indéfini de faces et devienne par conséquent un cône, le théorème sera toujours vrai ; donc toute surface conique est développable sur un plan. Le développement sera limité par deux lignes droites égales, et par une ligne courbe, dont la longueur sera égale à la circonférence de la base du cône.

181. REMARQUE. Si la pyramide SABCDE est régulière, toutes ses faces sont des triangles isocèles égaux, et le développement de la surface latérale de cette pyramide est limitée par une ligne brisée A*bcdea* qui a tous ses côtés égaux et tous ses angles égaux et qui est inscrite dans un cercle ayant pour centre le point S, et pour rayon SA ; on lui donne pour cette raison le nom de *ligne brisée régulière*, et le polygone SA*bcdea* prend le nom de *secteur polygonal régulier*.

Lorsque la pyramide se rapproche du cône droit, la ligne brisée régulière tend à devenir un arc de cercle ; donc *le développement de la surface latérale d'un cône droit est un secteur circulaire ayant pour rayon le côté du cône, et pour base un arc de même longueur que la circonférence de la base du cône.*

On déduit immédiatement de là que *le développement de la surface latérale d'un tronc de cône droit à base circulaire est un trapèze circulaire, dont les côtés rectilignes sont égaux au côté du tronc du cône, et dont les deux bases sont des arcs concentriques respectivement égaux aux longueurs des circonférences des bases du tronc de cône.*

182. Problème. *Construire les projections d'un cône circulaire droit, connaissant le rayon de la base et la hauteur, et tracer le développement de la surface latérale de ce cône.*

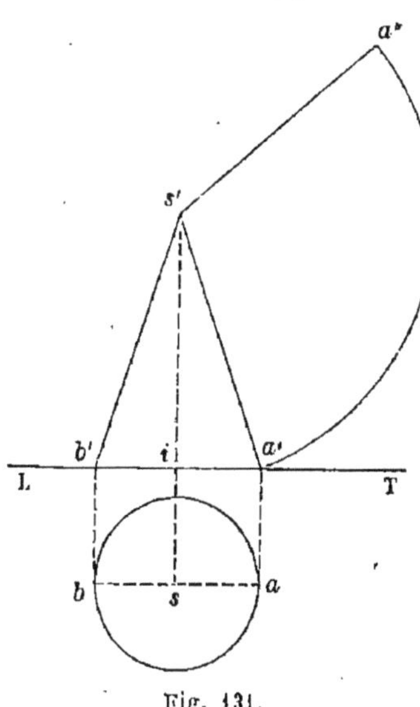

Fig. 131.

Je prends pour plan horizontal le plan de la base, et je décris avec le rayon donné un cercle *ab* : le sommet se projette horizontalement au centre de la base, puisque le cône est droit ; par le point *s*, je mène une perpendiculaire à la ligne de terre, et je prends sur cette ligne une longueur *is'* égale à la hauteur donnée ; *s'* est la projection verticale du sommet, et la projection verticale du cône est le triangle *s'a'b'*. Il faut maintenant tracer le développement du cône : du point *s'* comme centre avec *s'a'* comme rayon, je décris une circonférence, et, sur cette ligne, je prends un arc $a'a''$ dont la longueur soit la même que celle de la circonférence ab ; le développement demandé sera le secteur $s'a'a''$. Pour prendre sur l'arc $a'a''$ une longueur égale à celle de la circonférence de base, on peut employer deux procédés : 1° on partage la circonférence ab en arcs assez petits pour qu'on puisse les confondre avec leurs cordes, et on prend sur l'arc $a'a''$ à la suite les uns des autres des arcs ayant les mêmes cordes ; on a ainsi un arc total, dont la longueur diffère peu de celle de la circonférence ab ; 2° on mesure le rayon sa de la circonférence ab, et le rayon $s'a'$ de l'autre circonférence ; puis on remarque que le rapport de l'angle $a's'a''$ à 360° est égal au rapport de sa à $s'a'$; cela résulte immédiatement de la formule qui donne la longueur d'un arc de cercle (Géom. pl., **480**) ; cette proportion fera connaître $a's'a''$ en degrés ; et alors à l'aide du rapporteur ou d'une table de cordes on pourra mener le rayon $s'a''$.

183. Remarque. Le triangle rectangle $s'ia'$ a pour hypoténuse le côté du cône, et, pour côtés de l'angle droit, la hauteur et le rayon du cône ; on peut, pour déterminer ce triangle, se donner à volonté deux côtés quelconques, ou bien un côté et un angle, et, ce triangle une fois construit, on peut faire l'épure précédente. On pourra ainsi ramener au problème précédent plusieurs autres questions dans lesquelles on donnerait, pour déterminer le cône, d'autres éléments que la hauteur et le rayon.

184. Problème. *Construire les projections d'un tronc de cône circulaire droit, connaissant les rayons des deux bases et la hauteur, et tracer le développement de la surface latérale de ce tronc de cône.*

Je prends pour plan horizontal le plan de l'une des bases, de la plus grande, par exemple ; les deux bases auront pour projections horizontales les deux cercles concentriques ab et cd (fig. 132) ; par le centre s de ces cercles on mène une perpendiculaire à la ligne de terre, et on prend sur cette ligne une longueur $i'h'$ égale à la hauteur du tronc de cône ; par le point h', on mène une parallèle à la ligne de terre, et on prend $i'a' = i'b' = sa$; $h'c' = h'd' = sc$, et on a les projections verticales des deux bases : la projection verticale du tronc de cône est alors le trapèze isocèle $a'b'd'c'$.

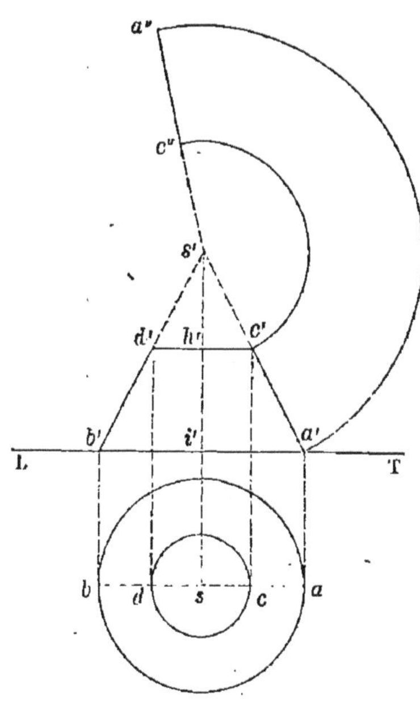

Fig. 132.

Pour avoir le développement, on prolonge $a'c'$, et $b'd'$ jusqu'à leur rencontre en s', et on trace les secteurs $s'a'a''$ et $s'c'c''$, développements des deux cônes qui ont pour bases respectives les deux bases du tronc ; la différence de ces secteurs, c'est-à-dire le trapèze circulaire $a'a''c''c'$, est le développement de la surface latérale du tronc de cône.

185. Remarque. Au lieu de donner la hauteur et les rayons des deux bases du tronc de cône, on pourra se donner d'autres éléments ; mais, dans tous les cas, le problème précédent pourra se résoudre de la même manière, pourvu qu'on puisse construire le trapèze isocèle $a'c'd'b'$.

186. Application. Les deux problèmes précédents servent aux ouvriers qui veulent construire des cônes ou des troncs de cône avec des feuilles de métal, de papier ou de carton ; c'est à l'aide du développement de la surface du cône ou du tronc de cône qu'on fabrique les tuyaux de poêle en forme de tronc de cône, les seaux en fer-blanc ou en zinc qui ont la même forme, les abat-jour, les formes coniques en cuivre ou en tôle dans lesquelles on fait cristalliser le sucre, les entonnoirs, etc.

187. Nous allons maintenant dire quelques mots des courbes que l'on obtient en coupant un cône circulaire droit par un plan.

J'examinerai d'abord un cas très-simple, celui où le plan sécant passe par le sommet; il est clair que le plan coupera alors le cône suivant deux génératrices, si toutefois il pénètre dans l'intérieur de ce cône. En effet, soit AB la corde suivant laquelle le plan sécant coupe la base du cône S; puisque ce plan passe au point S par hypothèse, il contiendra les deux génératrices SA et SB; il coupe donc le cône suivant deux génératrices.

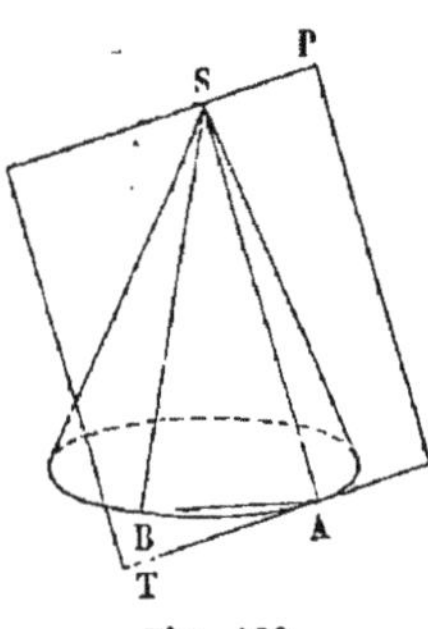

Fig. 133.

Supposons que le plan SAB tourne autour de la génératrice SA, jusqu'à ce que le point B vienne se confondre avec le point A; la sécante AB viendra alors se confondre avec la tangente AT à la base du cône; le plan SAB prendra une position SAT bien déterminée, et il n'aura plus qu'une génératrice commune avec le cône. On dit alors que le plan est *tangent* au cône, et la génératrice commune s'appelle la génératrice *de contact*.

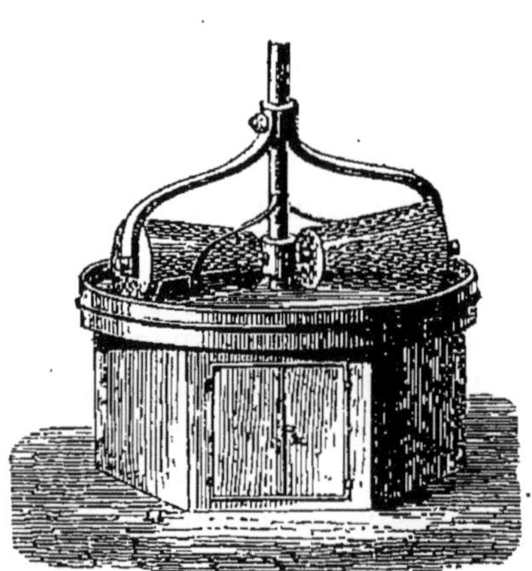
Fig. 134.

188. Applications. Il résulte de là que l'on peut coucher un cône sur un plan, de manière qu'il le touche suivant une ligne droite; on peut ensuite faire rouler ce cône sur le plan, et il ne cessera pas de lui être tangent. C'est en vertu de cette propriété que les huiliers et les chocolatiers emploient, pour écraser les graines ou les grains de cacao, des meules ayant la forme d'un tronc de cône, qui tournent sur une aire plane, et qui sont mises en mouvement soit par un cheval, soit par tout autre moteur.

189. Supposons en second lieu que le plan sécant ne passe pas par le sommet; il y a alors trois cas à distinguer :

1° Le plan sécant coupe toutes les génératrices du cône d'un même côté du sommet. On démontre alors que la section est une ellipse (V. le cours de 4e année);

2° Le plan sécant coupe les deux nappes du cône; la courbe obtenue est composée de deux parties séparées, ouvertes, et pouvant être prolongées indéfiniment; elle a reçu le nom d'*hyperbole*, et sera étudiée en quatrième année;

3° Enfin le plan sécant ne coupe qu'une des nappes du cône, et est parallèle à un plan tangent; la section est alors une courbe non fermée, qui s'appelle une *parabole*, et qui sera étudiée aussi en quatrième année.

190. Applications. On peut obtenir ces trois courbes par des expériences très-simples. Mettons de l'eau dans un vase conique, comme un entonnoir ou un verre à vin de champagne, et inclinons-le un peu, de manière que le bord ne soit plus horizontal : la surface du liquide coupera alors la surface intérieure du vase suivant une ellipse (fig. 135).

Fig. 135.

Si au centre d'une table circulaire on place une bougie, les rayons lumineux qui partent de la flamme, et qui rasent le bord de la table, forment un cône droit dont la base est la table circulaire; la partie de ce cône qui est au-dessous de la table est tout entière dans l'ombre. Si cette ombre est coupée par un mur vertical, la ligne de séparation de l'ombre et de la lumière sur ce mur sera un arc d'hyperbole. En coupant cette ombre par un plan incliné parallèle à un plan tangent au cône, on obtiendrait un arc de parabole.

Une autre expérience analogue peut être faite avec un faisceau conique de rayons lumineux; derrière un écran percé d'un trou circulaire, on place une flamme très-petite sur la perpendiculaire élevée à la surface de l'écran par le centre du trou; les rayons lumineux qui traversent l'écran forment alors un cône de révolution indéfini. En coupant ce cône par un écran blanc diversement incliné, on obtiendra facilement une ellipse entière, ou un arc d'hyperbole ou un arc de parabole. Les deux expériences précédentes doivent être faites dans une chambre obscure.

Les sections du cône s'observent quelquefois dans nos constructions; ainsi l'intersection d'une trompe conique avec chacun des murs verticaux auxquels elle est accolée est le plus souvent un arc de parabole.

191. Pour achever l'étude des applications les plus importantes des cônes et des surfaces coniques, il nous reste à parler des intersections des cônes avec les cylindres ou des cônes entre eux. En général, l'intersection d'un cône et d'un cylindre ou de deux cônes est une courbe non plane, plus ou moins compliquée, que l'on apprendra à construire en géométrie descriptive; comme exemple d'une pareille courbe, nous pouvons citer la rencontre d'un tuyau cylindrique avec la clef conique d'un robinet (fig. 136). Nous nous bornerons ici à examiner les cas les plus simples de la question.

Fig. 136.

192. *Un cylindre et un cône de révolution qui ont le même axe se coupent suivant une circonférence de cercle.*

Je coupe les deux surfaces par un plan passant par l'axe commun SO; ce plan coupe le cône suivant une génératrice SA, et le cylindre suivant une génératrice BB'; ces deux lignes se coupent en un point C. Faisons maintenant tourner les deux lignes SA et BB' autour de l'axe, de manière à engendrer le cône et le cylindre donnés; le point C dans ce mouvement décrira la courbe commune aux deux surfaces, et cette courbe sera évidemment une circonférence de cercle ayant son centre sur l'axe, en I, et ayant pour rayon la distance CI du point C à l'axe.

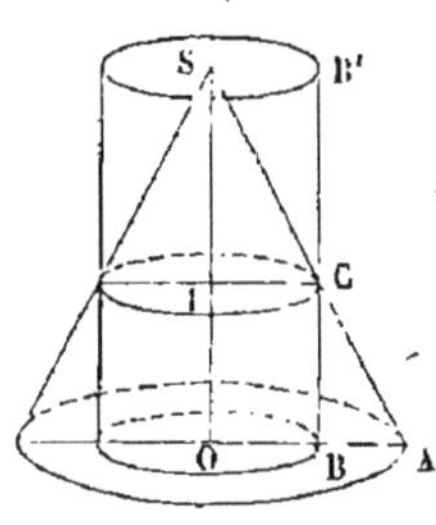

Fig. 137.

193. Applications. Les bouchons de liége ou de cristal ont généralement la forme de troncs de cône, et les goulots des bouteilles et des flacons ont la forme cylindrique; il en résulte que, si l'on met un bouchon dans le goulot d'une bouteille, la circonférence intérieure du goulot pourra s'appliquer exactement sur le bouchon, et produire ainsi une fermeture hermétique.

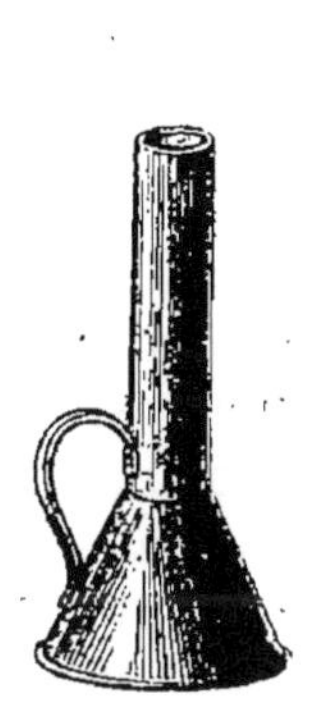
Fig. 138.

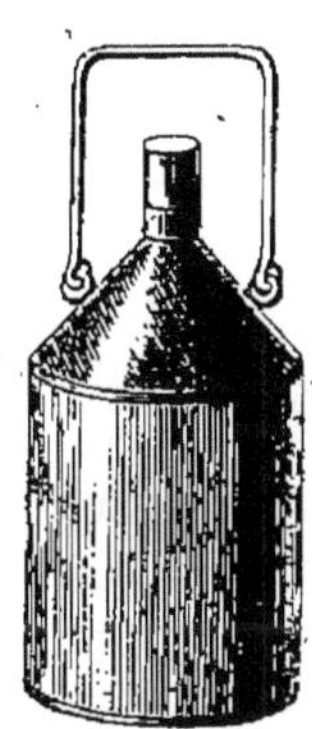
Fig. 139.

Les poêliers ont souvent à faire des tuyaux formés d'un tronc de cône et d'un cylindre droit de même axe (fig. 138); l'intersection des deux surfaces est une circonférence de cercle.

On emploie pour le lait et l'huile des boîtes ou bidons en fer-blanc, composés d'un tronc de cône entre deux cylindres de diamètres différents (fig. 139); la surface conique coupe les deux surfaces cylindriques suivant des circonférences de cercle.

194. Considérons maintenant deux cônes de révolution ayant le même axe, et des sommets différents; on ferait voir aisément que, si ces cônes se coupent, leur intersection est une circonférence de cercle; mais ce cas se rencontre rarement. Le plus ordinairement, dans les applications, les génératrices des deux cônes sont parallèles, comme l'indique la figure, et alors les deux surfaces coniques sont équidistantes. C'est ce qui arrive pour tous les cônes creux fabriqués avec des feuilles dont l'épaisseur est partout la même; les surfaces interne et externe sont alors des surfaces coniques équidistantes.

Fig. 140.

195. Prenons enfin deux cônes ayant le même sommet, mais dont les axes ont des directions différentes. Si ces cônes se coupent, leur intersection se composera de deux génératrices; on le démontrerait comme on l'a fait pour deux cylindres dont les axes sont parallèles. Mais le cas le plus intéressant est celui où les deux cônes n'ont qu'une génératrice commune, ils ont alors même plan tangent le long de cette génératrice, et on dit que ces cônes sont *tangents*.

196. Applications. Lorsqu'on veut transmettre le mouvement de rotation que possède un axe à un autre axe qui rencontre le premier, on emploie dans beaucoup de machines un système de roues dentées appelé *engrenage conique*, que nous allons décrire. Soient OA et OB les deux axes; imaginons deux cônes tangents ayant pour sommet commun le point O, et pour axes respectifs les lignes OA et OB. Si l'on fait tourner l'un des cônes autour de son axe, il ne cessera pas d'être tangent à l'autre; et s'il y a entre leurs surfaces une adhérence suffisante, le cône

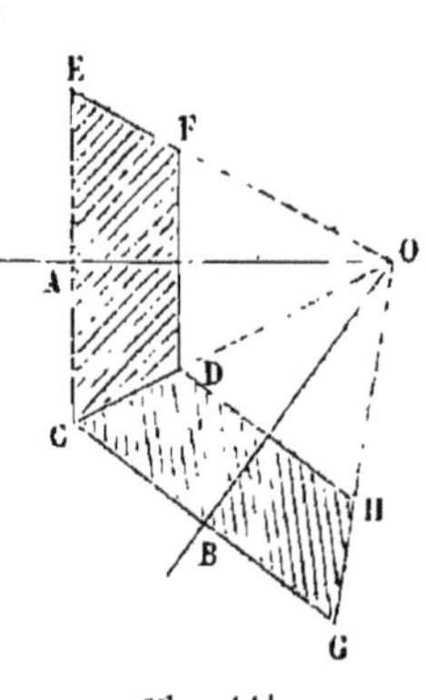

Fig. 141.

conducteur entraînera le cône *conduit*. Pour augmenter l'adhérence, on arme la surface de chaque cône de dents qui engrènent les unes dans les autres, et qui sont tracées de manière que les deux axes se meuvent exactement comme s'ils portaient simplement des cônes tangents; on a alors un engrenage conique (fig. 142), et les cônes tangents qui servent à les tracer s'appellent les *cônes primitifs* de cet engrenage; on les réduit d'ailleurs à des troncs de cône calés avec soin sur les axes. Les engrenages coniques sont employés dans un grand nombre de machines, notamment dans les moulins à vent, pour transmettre à l'axe vertical des meules le mouvement de rotation qui est imprimé à un axe incliné par l'action du vent sur les ailes de la machine.

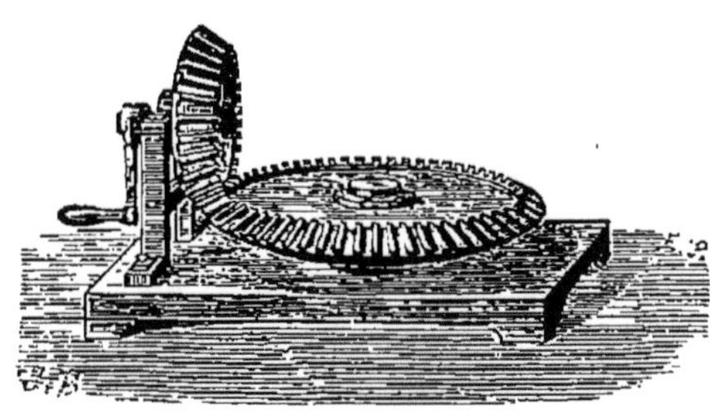

Fig. 142.

De la surface sphérique et de la sphère.

197. Définitions. On appelle *surface sphérique* une surface dont tous les points sont à égale distance d'un point intérieur appelé *centre* : telle est la surface extérieure d'une bille de billard, d'une balle de plomb, etc.

On donne le nom de *sphère* au corps limité par une surface sphérique; et on appelle *rayon* de la sphère toute ligne qui joint le centre à un point de la surface; par définition, tous les rayons d'une sphère sont égaux.

Toute ligne droite passant par le centre de la sphère, et terminée de part et d'autre à sa surface, est un *diamètre;* tous les diamètres sont égaux, puisque chacun d'eux est la somme de deux rayons.

198. Une surface sphérique est une surface de révolution engendrée par la rotation d'une demi-circonférence ACB autour de son diamètre; en effet, tous les points de cette demi-circonférence sont également distants de son centre O, et, dans le mouvement de rotation autour de AB, leur distance au point O restera invariable, puisque ce point est sur l'axe; donc la surface engendrée aura tous ses points à égale distance du point O; c'est-à-dire que c'est une surface sphérique.

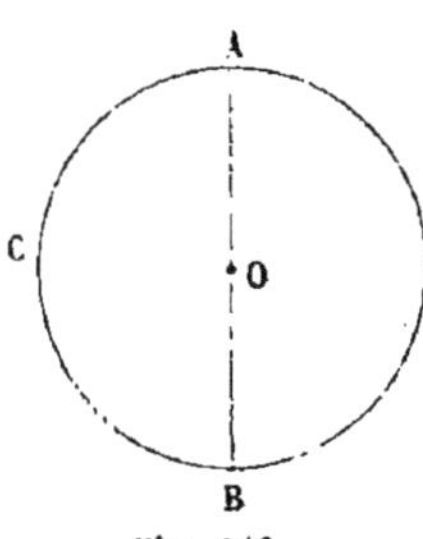

Fig. 143.

199. Théorème. *Toute section faite dans une sphère par un plan est un cercle.*

1° Tout plan ABC, passant par le centre O de la sphère, la coupe suivant une courbe dont tous les points A, B, C,... sont également distants du point O, d'après la définition de la surface sphérique; cette courbe est donc une circonférence de cercle ayant pour centre le point O, et pour rayon, le rayon de la sphère.

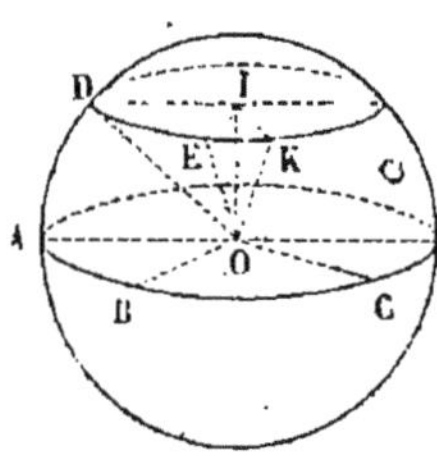

Fig. 144.

2° Considérons maintenant la section faite par un plan DEK qui ne passe pas par le centre de la sphère; de ce point, j'abaisse une perpendiculaire OI sur le plan de la section, et je mène les rayons OD, OE... de la sphère, qui aboutissent à différents points de la section; ces rayons sont des obliques égales menées du point O au plan sécant; donc elles sont également éloignées du pied I de la perpendiculaire (**22**), c'est-à-dire qu'on a : ID = IE = IK..; la courbe DEK est donc une circonférence de cercle ayant pour centre le pied I de la perpendiculaire abaissée du centre de la sphère sur le plan sécant, et pour rayon une ligne ID plus petite que le rayon OD de la sphère.

200. Remarque. Toute section passant par le centre de la sphère s'appelle un *grand cercle;* toute section faite par un plan qui ne contient pas le centre de la sphère est un *petit cercle*.

201. Corollaire I. *Par deux points pris sur la surface de la sphère, on peut toujours faire passer une circonférence de grand cercle, et on n'en peut faire passer qu'une, pourvu que les deux points donnés ne soient pas les extrémités d'un même diamètre.*

En effet, les deux points donnés et le centre déterminent un plan unique qui coupe la sphère suivant un grand cercle; mais si les deux points donnés sont en ligne droite avec le centre, on peut mener par ces trois points une infinité de plans, c'est-à-dire que, par les deux points, on peut alors faire passer une infinité de circonférences de grands cercles.

202. Corollaire II. *Par trois points pris à volonté sur la surface de la sphère, on peut toujours faire passer un petit cercle et un seul.*

En effet, ces trois points déterminent un plan qui coupe la sphère suivant un cercle passant par les trois points. S'il arrivait que ce plan contînt le centre, au lieu d'un petit cercle, on aurait un grand cercle.

203. Corollaire III. *Deux grands cercles se coupent mutuellement en deux parties égales.*

En effet, leurs plans passent par le centre de la sphère; l'intersection de ces deux plans est donc un diamètre de la sphère, et aussi un diamètre de chacun des deux grands cercles; ce diamètre commun les partage l'un et l'autre en deux parties égales (Géom. pl., 42).

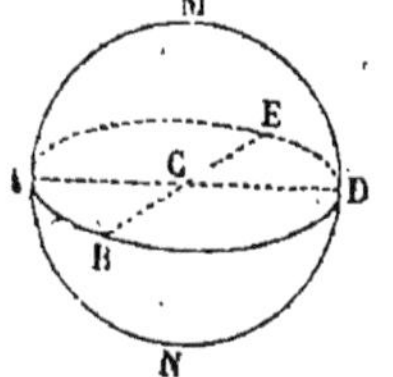

Fig. 145.

204. Théorème. *Tout grand cercle* AD *partage la sphère* C *et sa surface en deux parties égales* (fig. 145).

En effet, retournons la portion supérieure ABDEM de manière à faire coïncider le grand cercle qui lui sert de base avec le grand cercle qui limite la partie inférieure de la sphère ABDEN. On peut y arriver en faisant tourner le corps ABDEM de 180° autour du diamètre AD; les deux portions de la surface sphérique s'appliqueront alors l'une sur l'autre, puisque tous les points de chacune d'elles sont à égale distance du même point C; ces deux parties sont donc égales; C. Q. F. D.

205. REMARQUE. Un arc de grand cercle tracé sur une sphère jouit d'une propriété remarquable que nous devons nous borner à énoncer sans la démontrer.

Soient A et B deux points d'une surface sphérique; proposons-nous de trouver le plus court chemin pour aller du point A au point B sans quitter la surface de la sphère : par les deux points A et B, faisons passer une circonférence de grand cercle; les deux points A et B partagent cette circonférence en deux arcs inégaux ACB et ADB. On démontre que le plus petit de ces deux arcs est le plus court chemin demandé; il en résulte que, si l'on applique sur la surface de la sphère un fil flexible allant du point A au point B, et aussi tendu que possible, ce fil s'appliquera sur l'arc ACB. On énonce cette propriété en disant que *le plus court chemin pour aller d'un point à un autre, sur la surface sphérique, est le plus petit des deux arcs de grand cercle qui joignent ces deux points.*

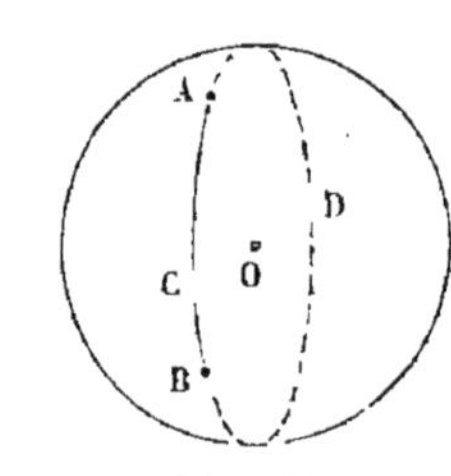

Fig. 146.

206. DÉFINITION. On appelle *pôles* d'un cercle de la sphère les deux extrémités P et P′ du diamètre perpendiculaire au plan de ce cercle (fig. 147); il résulte de la démonstration du n° **199** que les deux pôles d'un cercle, son centre et le centre de la sphère sont quatre points en ligne droite. On voit aussi que tous les cerles dont les plans sont parallèles ont les mêmes pôles (**50**).

207. THÉORÈME. *Le pôle d'un cercle est également distant de tous les points de la circonférence de ce cercle.*

Soient P le pôle d'un cercle ACB, I le point de rencontre du diamètre PP' avec le plan de ce cercle; PI est perpendiculaire ce plan, et I est le centre du cercle ACB (**199**); donc les lignes PA, PB, PC..., sont des obliques qui s'écartent également du pied I de la perpendiculaire PI; par conséquent elles sont égales; C. Q. F. D.

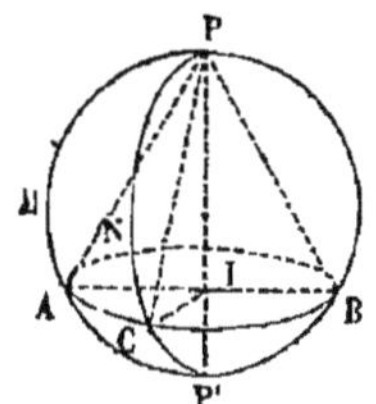

Fig. 147.

208. Corollaire I. Si nous joignons le point P aux points A, C, B... par des arcs de grand cercle, tels que PMA, PNC..., ces arcs, ayant des cordes égales et même rayon, seront égaux (Géom. pl., **54**).

209. Corollaire II. Si le cercle donné est un grand cercle DEK, les arcs de grand cercle PD, PE, PK,... qui joignent le pôle P aux différents points de la circonférence du grand cercle, sont des quadrants; car PO, étant perpendiculaire au plan DEK, est perpendiculaire aux droites OD, OE, OK... (**36**); les angles POD, POE, POK étant droits, et ayant pour sommet commun le centre O de chacun des grands cercles PDP', PEP',... interceptent entre leurs côtés des arcs qui sont des quadrants (Géom. pl., **58**).

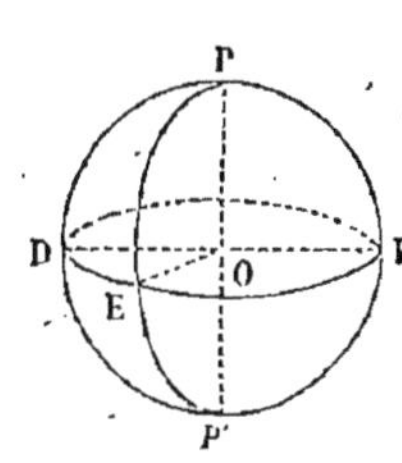

Fig. 148.

210. Remarque. Il résulte du théorème précédent que, si l'on met au point P (fig. **147**) l'une des pointes d'un compas, et qu'on l'ouvre de manière que la distance des deux pointes soit égale à PA, l'autre pointe, en tournant, décrira, sur la surface de la sphère, la circonférence ACB. On peut donc décrire des cercles avec un compas sur la surface d'une sphère comme sur un plan; seulement, il faut employer un compas à branches courbes, appelé *compas sphérique* ou *compas d'épaisseur* (fig. **149**).

Fig. 149.

211. Pour abréger le langage, nous appellerons *distance polaire* d'un cercle, la distance du pôle de ce cercle à un point quelconque de la circonférence ; il résulte du corollaire précédent que la distance polaire d'un grand cercle est égale à la corde de l'arc de 90 degrés pris dans une circonférence d'un grand cercle, ou, comme on dit plus brièvement, à la *corde d'un quadrant*.

212. PROBLÈME. *Étant donnée une sphère solide, trouver son diamètre.*

D'un point A pris à volonté sur la surface de la sphère, et avec une ouverture de compas arbitraire, je décris un cercle BCE ; je marque trois points B, C et D sur ce cercle, et je mesure avec le compas les trois longueurs BC, CD, DB ; puis, sur une feuille de papier, je construis un triangle ayant pour côtés ces trois longueurs, et je circonscris un cercle à ce triangle (Géom. pl., **149**) ; le rayon de ce cercle sera évidemment le même que celui du cercle BCE. Cela posé, concevons qu'on mène dans la sphère le diamètre AK qui passe par le point A ; ce diamètre coupe le plan du cercle BCE à son centre I ; imaginons ensuite qu'on joigne BI, AB et BK, et qu'on trace le grand cercle ABK, l'angle ABK inscrit dans une demi-circonférence est droit (Géom. pl., **182**). Dans le triangle rectangle ABK, nous connaissons le côté AB qui est l'ouverture de compas avec laquelle on a décrit le cercle BCE, et le rayon BI de ce cercle, qui a été construit. Nous pourrons donc faire sur une feuille de papier un triangle rectangle A'B'I' égal au triangle ABI ; en menant ensuite B'K' perpendiculaire à A'B', la ligne A'K' sera évidemment égale à AK, c'est-à-dire au diamètre de la sphère (1).

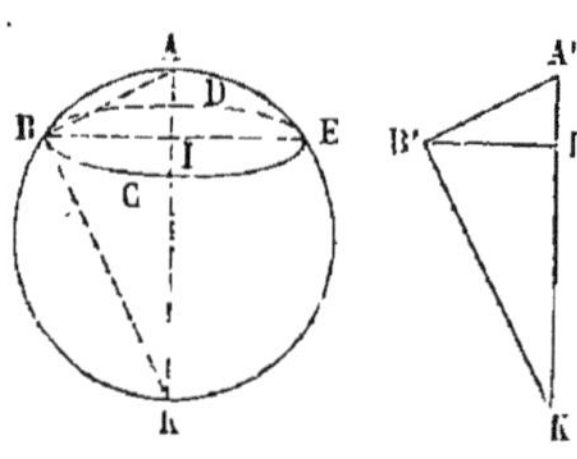

Fig. 150.

(1) Pour bien comprendre ce problème, les élèves feront bien d'effectuer eux-mêmes les constructions sur une boule en bois ordinaire, de 10 à 15 centimètres de diamètre.

213. Remarque. Il est utile de remarquer que la méthode précédente serait encore applicable, si l'on n'avait qu'une portion de la sphère solide à sa disposition; malheureusement elle n'est pas susceptible d'une grande précision, et il est même complétement impossible de s'en servir dans bien des cas, par exemple, lorsqu'on veut déterminer le rayon de la surface sphérique qui limite une lentille convergente ou divergente. On emploie alors un instrument spécial appelé *sphéromètre;* il se compose essentiellement de trois pointes fixes a, b, c, formant un triangle équilatéral, et fixées à une monture métallique. Au centre A de cette monture et à égale distance des trois pointes est une vis M qui peut s'élever ou s'abaisser en restant toujours perpendiculaire au plan des trois pointes fixes; de plus, la distance de l'extrémité de la vis à ce plan se mesure avec une grande précision d'après le nombre de tours et de fractions de tour qu'on a fait faire à la vis. Pour se servir de cet appareil, on le pose sur la sphère donnée, de manière que les trois pointes fixes soient en contact avec sa surface, et on abaisse la vis jusqu'à ce qu'elle touche aussi cette surface; son extrémité est alors le pôle du petit cercle passant par les trois pointes fixes; nous pouvons, en nous reportant à la figure 150, supposer l'extrémité de la vis au point A, et les points fixes aux points B, C et D. Cela posé, on connaît le rayon BI du cercle qui passe par ces trois pointes; c'est une longueur invariable pour le même instrument et qui a été déterminée une fois pour toutes avec une grande exactitude; on connaît aussi AI, comme nous l'avons expliqué plus haut; on en déduit, par le théorème du carré de l'hypoténuse (Géom. pl., **320**):

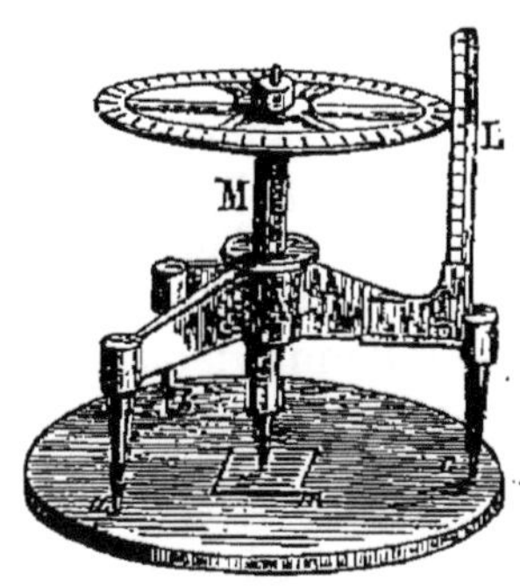

Fig. 151.

$$\overline{AB}^2 = \overline{AI}^2 + \overline{BI}^2;$$

de plus, dans le triangle rectangle ABK, le côté AB est une moyenne proportionnelle entre AI et AK (Géom. pl., **317**); on a donc :

$$\overline{AB}^2 = AI \times AK;$$

d'où l'on tire :

$$AK = \frac{\overline{AB}^2}{AI} = \frac{\overline{AI}^2 + \overline{BI}^2}{AI};$$

et cette formule fait connaître le diamètre AK de la sphère.

214. Corollaire. Quand on connaît le diamètre d'une sphère, on peut décrire sur une feuille de papier un cercle de même rayon que cette sphère, et mener dans ce cercle la corde de l'arc de 90°; cette corde sera la distance polaire d'un grand cercle de la sphère donnée; on pourra donc décrire des grands cercles sur cette sphère.

215. Problème. *Par deux points donnés* A *et* B *sur la surface d'une sphère solide, faire passer une circonférence de grand cercle* (fig. 152).

Je commence par déterminer le rayon de la sphère donnée et la corde d'un quadrant (**212**, **214**); alors des points A et B comme pôles avec une ouverture de compas égale à la corde d'un quadrant, je décris deux arcs de cercle qui se coupent en un point P; puis du point P comme pôle avec la même ouverture de compas, je décris une circonférence de cercle qui passe évidemment par les deux points A et B, et qui de plus est une circonférence de grand cercle, puisque sa distance polaire est égale à la corde d'un quadrant.

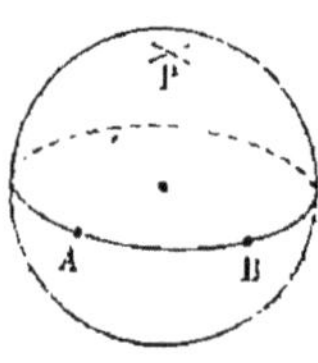

Fig. 152.

216. Problème. *Par trois points* A, B, C, *donnés sur la surface d'une sphère solide, faire passer une circonférence de cercle.*

Des points A et B comme pôles avec la même ouverture de compas, je décris deux arcs de cercle qui se coupent en deux points D et E, et par ces points je fais passer un arc de grand cercle DE; je dis que ce grand cercle est le lieu géométrique des points de la sphère qui sont également distants des points A et B. En effet le point D est à égale distance des points A et B; donc il est dans le plan perpendiculaire au milieu de la droite AB (**24**); il en est de même du point E; le centre de la sphère est aussi un point de ce plan, puisqu'il est également distant des points A et B; donc enfin le plan qui passe par les points D et E et par le centre de la sphère est le lieu des points de l'espace également distants des points A et B, et son intersection par la surface sphérique, c'est-à-dire le grand cercle DE, contient tous les points de cette surface équidistants des points A et B; on en conclut que le pôle de tout cercle passant par les points A et B se trouve sur la circonférence DE. On construira de même la circonférence; lieu des points également distants de B et de C; l'intersection de ces deux circonférences donnera le pôle P du cercle qui passe par les trois points A, B, C, et on pourra alors le décrire.

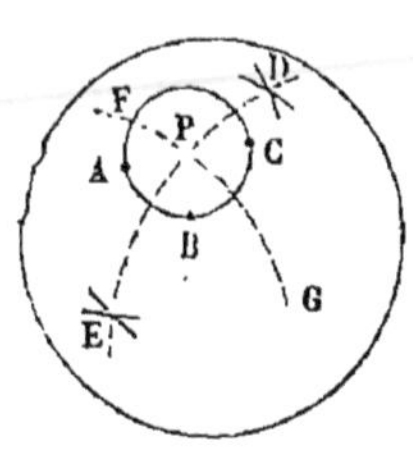

Fig. 153.

217. Applications. La terre a sensiblement la forme d'une sphère, et on démontre en astronomie qu'elle tourne en 24 heures autour d'un de ses diamètres PP′, qu'on appelle l'*axe de la terre* (fig. 154), les deux extrémités de ce diamètre s'appellent les *pôles* de la terre. L'un est le pôle *nord* ou pôle *boréal*, l'autre est le pôle *sud* ou pôle *austral*.

Si l'on imagine que par le centre O de la terre on mène un plan perpendiculaire à l'axe PP′, ce plan coupera la surface du globe terrestre suivant un grand cercle ABC, qui s'appelle l'*équateur;* ce grand cercle partage la sphère en deux parties égales, l'*hémisphère boréal* et l'*hémisphère austral.*

On considère encore sur la terre deux autres séries de

cercles : les uns sont des grands cercles déterminés par des plans qui contiennent l'axe, on les nomme des *méridiens;* tels sont les cercles PAP', PBP', etc. Les autres sont des petits cercles ayant pour pôles les points P et P', ce sont des *parallèles;* tels sont les cercles DME, FGH. Par chaque point de la terre, on peut faire passer un méridien et un parallèle. Parmi les parallèles on distingue les *tropiques* et les *cercles polaires;* les cercles polaires sont des parallèles menés à 23° 27' 15" des pôles; si, par exemple, l'arc de grand cercle P'F était égal à 23° 27' 15", le parallèle FGH serait l'un des deux cercles polaires : le cercle polaire le plus voisin du pôle nord s'appelle cercle polaire *arctique;* l'autre, cercle polaire *antarctique*. Les tropiques sont des parallèles distants du pôle de 90° — 23° 27' 15", c'est-à-dire de 66° 32' 45"; celui qui est dans l'hémisphère boréal est le *tropique du Capricorne*, l'autre est le *tropique du Cancer*.

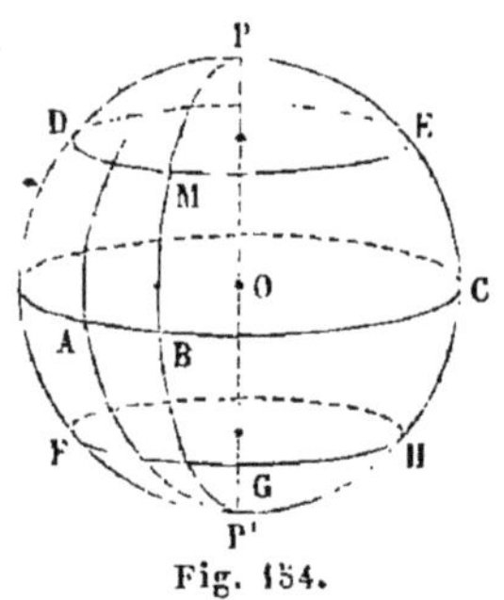

Fig. 154.

218. Les méridiens et les parallèles servent à définir la longitude et la latitude. On appelle *longitude* d'un lieu l'angle que fait le méridien de ce lieu avec un méridien fixe pris pour origine; cet angle est mesuré par l'arc d'équateur intercepté entre les deux méridiens. Les longitudes se comptent de 0° à 180° à l'est et à l'ouest du méridien fixe. En France, on prend pour méridien fixe celui qui passe par l'Observatoire de Paris; alors, si PAP' est le méridien de Paris, M un point quelconque de la terre dont le méridien est PBP', la longitude de ce point sera l'arc AB de l'équateur compris entre le méridien de Paris et le méridien du lieu. La *latitude* d'un lieu est l'arc du méridien de ce lieu, compris entre ce lieu et l'équateur, cet arc étant exprimé en degrés. La latitude se compte de 0° à 90° à partir de l'équateur, et elle est dite *boréale* ou *australe*, suivant que le lieu dont il s'agit est situé dans l'hémisphère boréal ou dans l'hémisphère austral. La latitude du point M est la mesure en degrés de l'arc BM du méridien, compris entre ce point et l'équateur.

Quand on connaît la longitude et la latitude d'un lieu, sa position sur la surface terrestre est complétement déterminée; supposons, par exemple, que la longitude soit de 25° *est*, et la latitude de 56° *nord;* imaginons qu'on trace le méridien de 25° est; en prenant, à partir de l'équateur sur ce méridien, un arc de 56° dans l'hémisphère boréal, on aura le point demandé.

219. On emploie souvent, pour l'enseignement de la géographie, des globes en carton ou en bois sur lesquels on trace tous les cercles dont nous venons de parler : les problèmes des nos **212, 215, 216** permettent de faire aisément toutes ces constructions; nous n'insistons pas sur cette application qui est des plus faciles.

220. Beaucoup d'édifices sont surmontés de dômes ou de coupoles hémisphériques, formés de *voussoirs* taillés suivant des règles spéciales; les lignes formées à la surface intérieure de la coupole par les joints des voussoirs sont ordinairement des grands cercles partant tous du point le plus élevé de la voûte, et des petits cercles décrits de ce même point comme pôle; ces cercles sont analogues aux méridiens et aux parallèles du globe terrestre; la surface interne de la coupole est divisée par tous ces cercles en espaces réguliers appelés *caissons*, qui peuvent recevoir divers ornements.

221. Définitions. On dit qu'un plan est *tangent* à une sphère, lorsqu'il n'a qu'un point commun avec la surface de cette sphère; ce point s'appelle le point de *contact* ou de *tangence*.

La perpendiculaire élevée au plan tangent par le point de contact s'appelle la *normale* à la sphère en ce point.

222. Théorème. *Tout plan perpendiculaire à l'extrémité d'un rayon de la sphère est tangent à cette sphère.*

Soit P un plan perpendiculaire à l'extrémité du rayon OA; je dis qu'il touche cette sphère au point A. En effet, soit B un point quelconque du plan P; la ligne OB est oblique au plan P(**14**); elle est donc plus grande que la perpendiculaire OA, et par conséquent le point B est extérieur à la sphère. Tous les points du plan P, à l'exception du point A, sont donc extérieurs à la sphère; en d'autres termes, le plan P est tangent à la sphère au point A; C. Q. F. D.

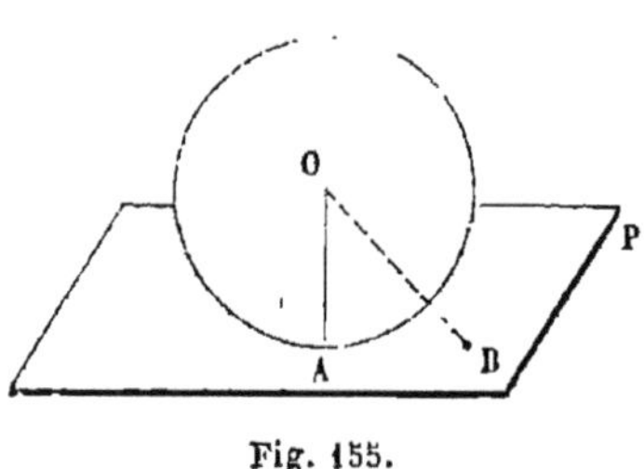

Fig. 155.

223. THÉORÈME. Réciproquement *tout plan* P *tangent à une sphère* O, *est perpendiculaire à l'extrémité du rayon qui aboutit au point de contact* A (fig. 155).

En effet, tous les points du plan P, à l'exception du point A, sont extérieurs à la sphère, et par suite leur distance au centre O est supérieure au rayon; la ligne OA est donc la ligne la plus courte qu'on puisse mener du point O au plan P; et, par conséquent, elle est perpendiculaire à ce plan (**20**); C. Q. F. D.

224. COROLLAIRE I. *Tous les rayons de la sphère sont des normales à sa surface.*

225. COROLLAIRE II. *Si deux plans parallèles sont tangents à une même sphère, les points de contact sont les extrémités d'un même diamètre, et la distance des deux plans parallèles est égale au diamètre de la sphère.*

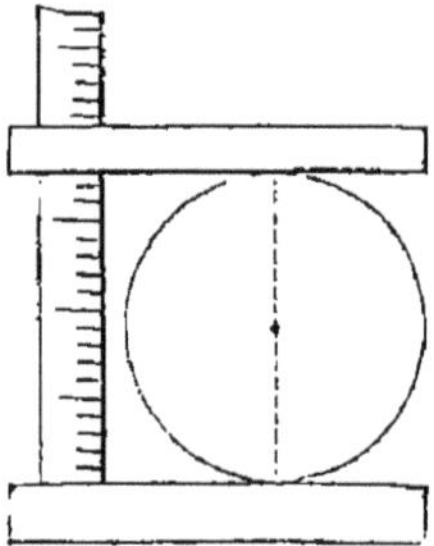
Fig. 156.

Ce corollaire donne un moyen pratique de mesurer le diamètre d'une sphère : l'instrument qu'on emploie porte le nom de *comparateur*, et se compose essentiellement d'une règle graduée fixée perpendiculairement à un plan fixe; le long de cette règle glisse à frottement une planche mobile qui reste toujours parallèle au plan fixe; on place la sphère sur ce dernier plan, et on fait glisser la planchette mobile, jusqu'à ce qu'elle soit en contact avec la surface sphérique; on lit alors sur la règle graduée le diamètre cherché.

226. Application. La terre ayant la forme d'une sphère, la surface des eaux tranquilles n'est pas rigoureusement plane; il n'est donc pas tout à fait exact de dire que le plan horizontal coïncide avec la surface de niveau d'un liquide en repos. En réalité, le plan horizontal en un point est le plan tangent au globe terrestre en ce point, et la verticale est la normale à la sphère au même point. Il résulte immédiatement de ces nouvelles définitions que deux verticales ne sont jamais parallèles; toutefois, on peut, dans les applications, les regarder comme tout à fait parallèles, quand elles ne sont pas très-éloignées l'une de l'autre. En effet, la circonférence d'un grand cercle de la terre vaut 40000000 mètres (Voy. la définition du mètre); l'arc d'une seconde aura alors une longueur égale à

$$\frac{40000000^{m}}{360 \times 60 \times 60} = \frac{40000^{m}}{36 \times 6 \times 6} = 31 \text{ mètres}$$

environ. On en déduit que deux verticales éloignées l'une de l'autre de 31 mètres ne font entre elles qu'un angle d'une seconde, angle tout à fait inappréciable avec les instruments de mesure ordinaire. Mais, si deux points sont très-éloignés l'un de l'autre, leurs verticales font un angle très-notable, et les plans horizontaux de ces deux lieux ne peuvent plus être regardés comme parallèles; ainsi, les verticales des villes de Washington (États-Unis) et de Lima (Pérou) font un angle de près de 51°; deux lieux situés aux extrémités d'un même diamètre du globe terrestre, ou, comme on dit, *aux antipodes* l'un de l'autre, ont des verticales directement opposées, c'est-à-dire inclinées de 180°.

227. THÉORÈME. *Lorsque l'axe d'un cylindre de révolution passe par le centre d'une sphère, l'intersection de la sphère avec le cylindre se compose de deux circonférences de cercle, si toutefois les deux surfaces se coupent.*

Par l'axe AB du cylindre, je fais passer un plan quelconque qui coupe la sphère O suivant un grand cercle et le cylindre suivant deux génératrices opposées CD et EF; je suppose que la génératrice CD rencontre aux points C et D la circonférence de grand cercle, le cylindre coupe alors la sphère; je dis que l'intersection se compose de deux cercles. En effet, abaissons des points C et D des perpendiculaires CG et DH sur l'axe AB, et faisons tourner la demi-circonférence ACDB et la droite CD autour de cet axe, la demi-circonférence engendrera la surface sphérique et la droite CD engendrera la surface cylindrique; les points C et D, dans le mouvement de rotation, décrivent des cercles ayant leurs plans perpendiculaires à l'axe, et leurs centres aux points G et H; et ces cercles sont manifestement communs au cylindre et à la sphère; C. Q. F. D.

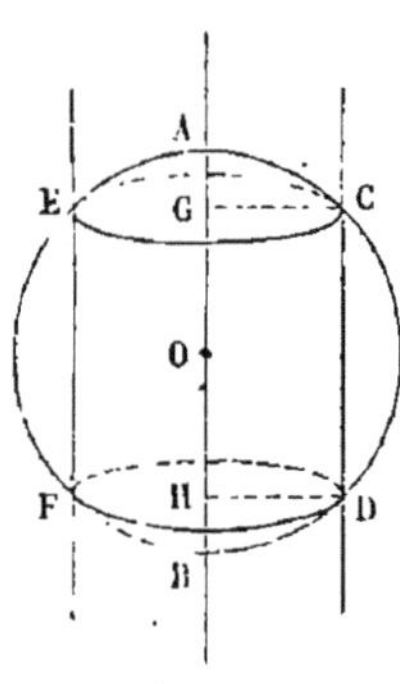

Fig. 157.

228. REMARQUE. Pour que le cylindre coupe la sphère, il faut que la distance de la droite CD au centre O soit inférieure au rayon de la sphère, c'est-à-dire que le rayon du cylindre soit moindre que le rayon de la sphère.

Si le rayon du cylindre est égal à celui de la sphère, la droite CD est tangente en I à la circonférence, et les deux surfaces n'ont plus qu'un cercle commun, celui que décrit le point I, et qui n'est autre chose que le grand cercle de la sphère perpendiculaire à l'axe AB. Il est clair que les différentes génératrices du cylindre ont toutes un seul point

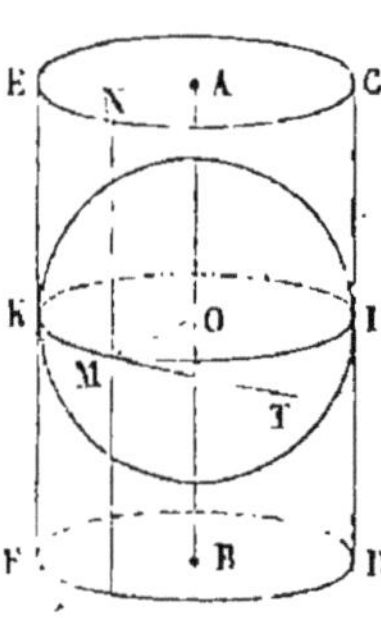

Fig. 158.

commun avec la surface de la sphère, ou qu'elles lui sont *tangentes*. De plus, en tous les points du cercle commun IMK, les deux surfaces elles-mêmes sont *tangentes*, c'est-à-dire qu'elles ont le même plan tangent; en effet, le plan tangent au cylindre au point M est déterminé par la génératrice MN et la tangente MT au cercle IMK (**161**); d'autre part, le rayon OM, perpendiculaire à AB, est aussi perpendiculaire à MN; ce même rayon est perpendiculaire à la tangente MT (Géom. pl., **170**); donc, il est perpendiculaire au plan NMT (**12**), et par suite ce plan est tangent à la sphère; les deux surfaces, cylindrique et sphérique, se touchent donc tout le long du grand cercle IMK.

Lorsqu'un cylindre est tangent à une sphère tout le long d'un grand cercle, on dit qu'il est *circonscrit* à la sphère, et que la sphère y est *inscrite;* et le grand cercle commun s'appelle le *cercle de contact*. Il résulte de ce qui précède que le cylindre circonscrit à une sphère peut être engendré par une droite qui se meut parallèlement à une droite fixe, en restant constamment tangente à la sphère.

229. Application. Les tuyaux de poêle pénètrent quelquefois dans une sphère, de manière que l'axe du tuyau passe par le centre de la sphère; l'intersection est alors une circonférence de cercle; ordinairement deux tuyaux débouchent dans une même sphère qui remplit ainsi l'office de tuyau coudé (fig. 159).

Fig. 159.

Lorsqu'on perce des fenêtres à arcade dans un édifice surmonté d'une coupole hémisphérique, on prend souvent pour axe de l'arcade une droite passant par le centre de la sphère; l'intersection de cette arcade avec la voûte sphérique est alors une demi-circonférence de cercle.

La même disposition se rencontre dans les voûtes avec pendentifs qu'on observe fréquemment dans les édifices religieux, ce sont des voûtes hémisphériques traversées de part en part par des berceaux cylindriques d'un moindre diamètre, et qui ont le même plan de naissance; l'intersection de la coupole hémisphérique avec chacune des voûtes cylindriques se compose de deux demi-circonférences parallèles. L'église Saint-Sulpice, à Paris, offre un bel exemple de cette disposition.

Pour s'assurer qu'une boule est bien sphérique, on peut la présenter à l'orifice d'un cylindre creux d'un diamètre plus petit; il faudra alors qu'elle puisse s'y adapter exactement dans toutes les positions et fermer exactement l'ouverture du cylindre.

Dans beaucoup de pompes, on emploie comme soupape une sphère d'un diamètre plus grand que l'ouverture du tuyau que l'on veut fermer; si la sphère est bien travaillée et si l'ouverture est exacte-

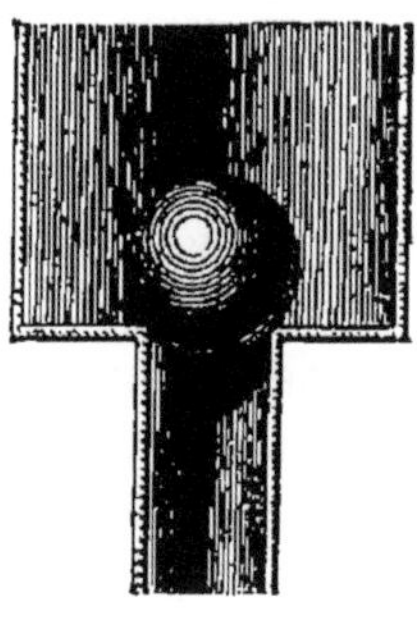

Fig. 160.

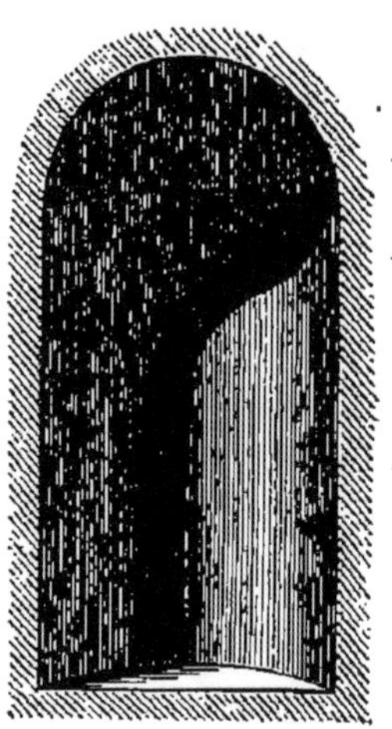

Fig. 161.

ment circulaire, la sphère la fermera exactement (fig. 160).

Les niches que construisent les architectes pour y placer des statues, des poêles, etc., sont formées d'un demi-cylindre de révolution surmonté d'un quart de sphère de même rayon. La surface cylindrique et la surface sphérique seront alors tangentes tout le long du demi-cercle qui leur est commun (fig. 161).

On emploie dans l'artillerie, pour vérifier le calibre des boulets sphériques, un anneau plat en acier, c'est-à-dire un cylindre creux d'une petite hauteur, qu'on appelle une *lunette;* le diamètre intérieur de ce cylindre est celui que doivent avoir les boulets. On présente la lunette à chaque boulet dans différentes positions, et il faut qu'il puisse passer au travers en touchant la surface intérieure du cylindre.

Enfin, la considération du cylindre circonscrit à la sphère sert encore à déterminer l'ombre portée par une sphère opaque, si l'on suppose qu'elle soit éclairée par des rayons parallèles. Considérons, en effet, le cylindre circonscrit formé par les rayons lumineux qui rasent la surface de la sphère ; tous les points situés à l'intérieur du cylindre, en arrière de la sphère, seront dans l'ombre : si ce cylindre rencontre une surface quelconque, il y tracera une courbe qui sera la ligne de séparation entre les points de cette surface qui sont éclairés, et ceux qui sont dans l'ombre ; on obtiendra donc l'ombre portée par la sphère sur la surface donnée en cherchant l'intersection de cette surface par un cylindre circonscrit à la sphère, dont les génératrices sont parallèles aux rayons de lumière. En particulier, l'ombre portée par une sphère sur un plan oblique aux rayons lumineux sera une ellipse (**160**).

230. Problème. *Représenter une sphère par ses deux projections.*

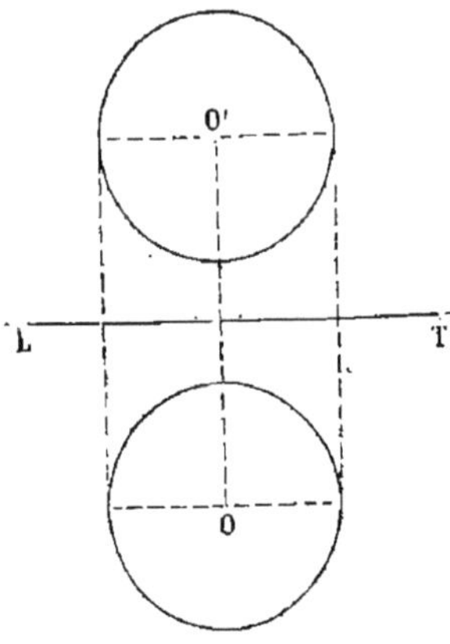

Fig. 162.

Soient O et O' les deux projections du centre de la sphère donnée. Imaginons un cylindre vertical circonscrit à cette sphère ; tous les points de la surface sphérique se projetteront sur le plan horizontal à l'intérieur de ce cylindre ; or, ce cylindre coupe le plan horizontal qui est perpendiculaire à son axe suivant un cercle ayant pour centre le point O, et pour rayon, le rayon même de la sphère. Ce cercle représentera donc la projection horizontale de la sphère, et on aura de même la projection verticale.

231. THÉORÈME. *Si l'axe d'un cône droit passe par le centre d'une sphère, et que ces deux surfaces se coupent, l'intersection se compose de deux circonférences de cercle.*

Par l'axe SO du cône, je fais passer un plan qui coupe la sphère suivant le grand cercle ACDBFE, et le cône suivant deux génératrices opposées SD et SF; si la génératrice SD rencontre la demi-circonférence ACDB, le cône coupera la sphère, et l'intersection se composera de deux circonférences de cercle. En effet, faisons tourner autour de l'axe la demi-circonférence ACDB et la droite SD; ces deux lignes engendreront : l'une, la surface sphérique; l'autre, la surface conique; mais, dans ce mouvement de rotation, les deux points C et D décriront des cercles ayant leurs plans perpendiculaires à l'axe et leurs centres sur cet axe, et il est évident que ces deux cercles appartiendront, à la fois, à la surface sphérique et à la surface conique; C. Q. F. D.

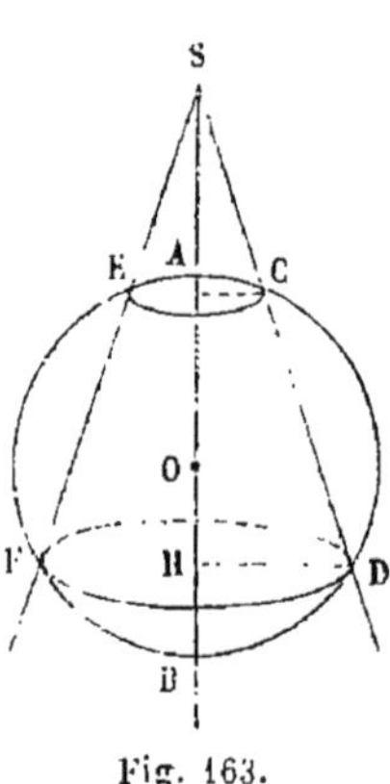

Fig. 163.

232. REMARQUE. Il peut arriver que la génératrice SD soit tangente à la circonférence ACB en un point I; alors, la sphère et le cône n'auront plus qu'un cercle commun IK. Les génératrices du cône n'auront chacune qu'un point commun avec la sphère, elles lui seront tangentes. De plus, les deux surfaces auront même plan tangent en tous les points de la circonférence IK, c'est-à-dire qu'elles seront tangentes tout le long de cette circonférence. En effet, soit M un des points communs aux

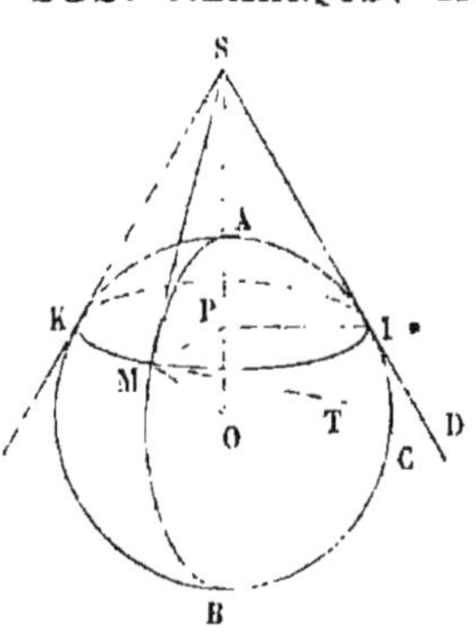

Fig. 164.

deux surfaces : le plan tangent au cône est déterminé par la génératrice SM et la tangente MT au cercle IK (**187**); menons le rayon PM du cercle IMK; la ligne SP est perpendiculaire au plan de ce cercle, et la ligne PM est perpendiculaire à MT (Géom. pl., **170**) ; donc MT est perpendiculaire au plan SPM (**26**), et par suite à la droite OM qui passe par son pied dans ce plan ; d'autre part, la ligne SM est tangente au grand cercle AMB, donc elle est perpendiculaire au rayon OM de ce cercle. La ligne OM, perpendiculaire, à la fois, aux deux droites SM et MT, est perpendiculaire à leur plan (**12**) ; donc ce plan est tangent à la sphère (**232**). Ainsi, les deux surfaces ont même plan tangent tout le long du cercle IMK.

Lorsqu'un cône touche ainsi une sphère en tous les points d'un cercle, on dit qu'il est *circonscrit* à la sphère, et que la sphère y est *inscrite ;* le cercle commun aux deux surfaces s'appelle le *cercle de contact*. Il est à remarquer que le cône circonscrit à une sphère peut être engendré par une ligne droite qui passe par un point fixe et qui se meut en restant constamment tangente à la sphère ; on voit par là que les *tangentes* SI, SM, SK, *menées d'un même point* S *à une sphère, sont égales*, puisque ce sont des génératrices d'un cône droit comprises entre son sommet S et sa base IMK.

233. Applications. Les ferblantiers ont quelquefois à exécuter des ornements composés d'un cône droit coupé par une sphère dont le centre est sur l'axe (fig. 165); les courbes d'intersection des deux surfaces sont alors des circonférences de cercle.

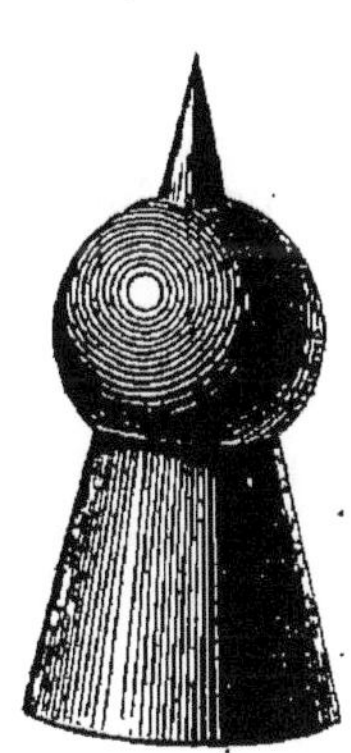

Fig. 165.

On pratique souvent dans les dômes sphériques des ouvertures ébrasées qu'on appelle des *lunettes ;* elles sont obtenues en coupant la surface du dôme par des surfaces coniques droites ayant pour sommet le centre de la sphère ; l'intersection des deux surfaces, c'est-à-dire le bord intérieur de la lunette, est alors une circonférence de cercle.

Pour tracer l'ombre portée par une sphère, quand on la suppose éclairée par une source lumineuse de très-petite dimension, il faut considérer la source de lumière comme le sommet d'un cône circonscrit à la sphère; on l'appelle le *cône d'ombre;* il est clair que les points situés dans l'intérieur de ce cône en arrière de la sphère seront dans l'ombre. Si ce cône d'ombre rencontre une surface quelconque, un plan, par exemple, il la coupera suivant une courbe qui limitera l'ombre portée par la sphère sur cette surface; sur un plan, cette courbe est une ellipse, un arc d'hyperbole ou un arc de parabole (**189**).

234. On peut étendre ces considérations sur les cônes d'ombre au cas où la source lumineuse est elle-même une sphère, comme le soleil. Considérons, par exemple, la terre éclairée par le soleil; soient T et S les centres des

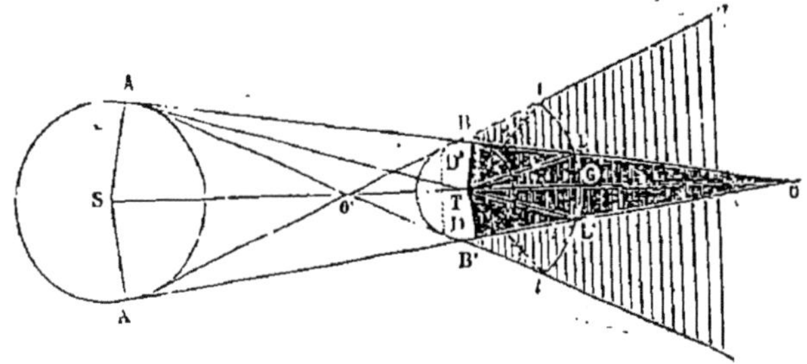

Fig. 166.

deux astres; par la ligne ST je fais passer un plan qui coupe les deux sphères suivant des grands cercles; je mène à ces grands cercles une tangente commune extérieure AB, et je la fais tourner autour de la ligne des centres; elle engendre ainsi un cône circonscrit à la fois aux deux sphères, et dont le sommet est en O. La courbe de contact de ce cône avec la surface de la terre est un petit cercle BB', et toute la partie de ce cône, comprise entre ce cercle et le sommet O, se nomme l'*ombre* pure, parce qu'elle ne reçoit aucun rayon du soleil. Menons maintenant aux deux cercles une tangente commune intérieure CD, et faisons-la tourner autour de ST : elle engendrera un second cône ayant son sommet en O', et circonscrit à la fois aux deux sphères. La partie de ce cône située au delà du cercle de contact DD' avec la terre comprend un espace indéfini, dont chaque point ne pourra recevoir qu'une partie des rayons émanés du soleil ; cet espace s'appelle la *pénombre*. Ce que nous venons de dire rend bien facile l'explication des éclipses de lune ; cet astre décrit autour de la terre une courbe figurée en *lGl'*; lorsque la lune pénétrera dans le cône de pénombre de *l* en L, son éclat diminuera un peu, puisqu'elle ne recevra qu'une partie des rayons solaires; mais, lorsqu'elle traversera le cône d'ombre pure, elle cessera complétement d'être éclairée par le soleil, et, comme elle n'est pas lumineuse par elle-même, on ne la verra plus. Les éclipses de soleil s'expliquent tout aussi aisément (V. le *Cours de Cosmographie*, 3e année).

235. REMARQUE. Un cône oblique peut couper une sphère suivant deux cercles : on démontre que, *lorsqu'un cône oblique pénètre dans une sphère suivant une circonférence de cercle, il coupe cette sphère suivant une deuxième circonférence.* Nous supprimons la démonstration de ce théorème à cause de sa longueur ; il est d'ailleurs peu utile dans les applications.

236. THÉORÈME. *Lorsque deux sphères se coupent, leur intersection est une circonférence de cercle, dont le plan est perpendiculaire à la ligne des centres des deux sphères.*

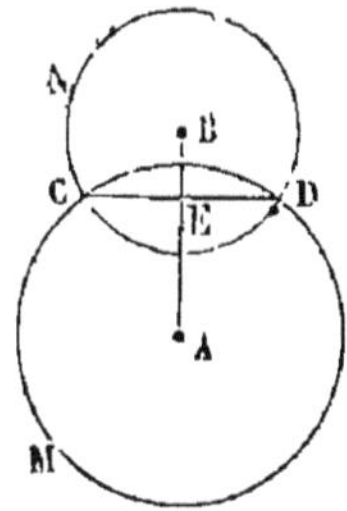

Fig. 167.

Soient A et B les centres des deux sphères; par la ligne AB, je mène un plan qui coupe chacune des sphères suivant un grand cercle. Si ces deux grands cercles se coupent, les deux sphères se couperont aussi, et je dis que la courbe d'intersection sera une circonférence de cercle. En effet, soient CD la corde commune aux deux grands cercles, E, son point d'intersection avec la ligne des centres AB ; on sait que CD est perpendiculaire à AB, et que le point E est le milieu de CD (Géom. pl., **228**). Faisons tourner les deux grands cercles M et N autour de la ligne AB ; leurs circonférences engendreront les sphères, et le point C décrira une circonférence ayant pour centre le point E, et située dans un plan perpendiculaire à la ligne AB ; ce cercle sera évidemment commun aux deux sphères ; C. Q. F. D.

237. REMARQUE. Deux sphères, comme deux cercles, peuvent occuper cinq positions différentes : elles peuvent être intérieures ou extérieures, sécantes, tangentes extérieurement ou intérieurement. On démontrerait facilement, comme on l'a fait pour deux circonférences, dans la Géométrie plane, que *si deux sphères sont tangentes, le point de contact est sur la ligne des centres*. On trouverait de même les conditions pour que les deux sphères occupent l'une des cinq positions que nous venons d'énumérer (V. la Géom. pl., chap. XI).

238. APPLICATIONS. On trouve dans certaines constructions des exemples de l'intersection de deux sphères, par exemple, lorsque la partie sphérique d'une niche commence précisément à la naissance d'un dôme ; l'intersection des surfaces de la niche et du dôme sera une demi-circonférence de cercle, qui de plus sera dans un plan vertical, puisque les centres des deux sphères sont dans un plan horizontal.

Les piles de boulets en usage dans les arsenaux nous offrent un exemple de sphères tangentes ; car tous les boulets sont rangés de manière à être en contact.

239. Lorsque deux sphères sont intérieures, il peut arriver qu'elles aient le même centre, on dit alors qu'elles sont *concentriques*. Si l'on mène un rayon quelconque, il est normal à la fois aux deux sphères (**224**), et la portion de ce rayon comprise entre les deux surfaces est constante et égale à la différence des rayons de ces sphères; ce que l'on exprime en disant que *deux surfaces sphériques concentriques sont équidistantes*. On en voit un exemple dans les sphères creuses, comme les obus; les surfaces qui les limitent intérieurement et extérieurement sont ordinairement concentriques.

Il est clair que, si deux surfaces sphériques sont concentriques, on peut faire tourner l'une d'elles autour de son centre, sans qu'elles cessent d'être équidistantes; en particulier si deux sphères de même rayon, l'une creuse, l'autre pleine, sont concentriques, on pourra faire tourner la seconde à l'intérieur de la première de toutes les manières possibles, et la sphère pleine touchera partout la sphère creuse. On met à profit cette propriété pour la construction d'une articulation dite *genou à coquilles*, qui est employée dans plusieurs instruments, notamment dans le graphomètre (Géom. pl., **59**). L'axe du limbe de cet instrument est terminé par une sphère pleine en cuivre; cette sphère est saisie entre deux coquilles sphériques qui l'emboîtent exactement, et peuvent être serrées l'une contre l'autre au moyen d'une vis de pression. On peut donner au limbe une position quelconque, la sphère pleine reste toujours en contact avec les deux coquilles, et, quand on veut fixer le limbe dans cette position, il suffit de presser fortement ces coquilles sur le genou; cette articulation est employée aussi dans quelques planchettes.

240. Des polyèdres réguliers. On dit qu'un polyèdre est *régulier*, quand toutes ses faces sont des polygones réguliers égaux, et que tous ses angles solides sont composés d'angles plans égaux et d'angles dièdres égaux.

Il n'y a que cinq polyèdres réguliers, qui sont:

Le *tétraèdre régulier*, dont les quatre faces sont des triangles équilatéraux, et dont les angles solides sont des trièdres (fig. 168);

L'*hexaèdre régulier* ou le cube, dont les six faces sont des carrés égaux, et dont les angles solides sont des trièdres (fig. 169);

L'*octaèdre régulier*, dont les huit faces sont des triangles équilatéraux; les angles solides ne sont plus des trièdres, ils sont formés de quatre faces : l'octaèdre régulier peut

Fig. 168.

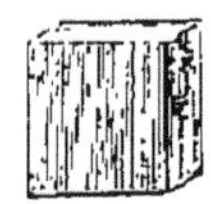
Fig. 169.

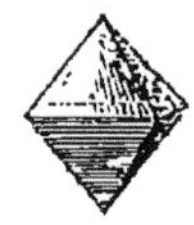
Fig. 170.

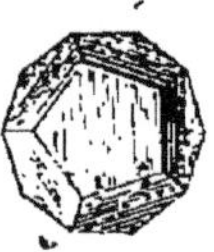
Fig. 171.

Fig. 172.

être regardé comme la réunion de deux pyramides régulières à base carrée, dont les faces latérales sont des triangles équilatéraux (fig. 170) ;

Le *dodécaèdre régulier*, ou *dodécaèdre pentagonal*, dont les douze faces sont des pentagones réguliers égaux, et dont les angles solides sont des trièdres (fig. 171);

Enfin l'*icosaèdre régulier*, dont les vingt faces sont des triangles équilatéraux, et dont les angles solides ont chacun cinq faces (fig. 172).

Les polyèdres réguliers étant peu employés dans les applications, nous n'étudierons pas leurs propriétés; nous nous bornerons à énoncer sans démonstration la plus importante, c'est qu'*un polyèdre régulier peut toujours être inscrit dans une sphère et circonscrit à une autre sphère.*

CHAPITRE IV.

MESURE DES SURFACES DES CORPS.

Surfaces latérales des cylindres et des cônes.

241. Théorème. *La surface latérale d'un prisme quelconque est égale au produit du périmètre de sa section droite par son arête latérale.*

Soient ABCDEA'B'C'D'E' le prisme donné et FGHIK la section de ce prisme par un plan perpendiculaire aux arêtes latérales, c'est-à-dire sa section droite (**110**); je vais mesurer successivement les aires des faces latérales ABB'A' BCC'B',... ; la somme de ces aires nous donnera la mesure de la surface latérale du prisme. Je remarquerai d'abord que les côtés de la section droite sont perpendiculaires aux arêtes qu'ils rencontrent, puisque le plan de cette section est perpendiculaire à toutes les arêtes. Cela posé, le parallélogramme ABB'A' a pour base AA' et pour hauteur FG; donc son aire a pour mesure AA'$\times$FG (Géom. pl., **490**); l'aire du parallélogramme BCC'B' a pour mesure le produit BB'$\times$GH, ou, ce qui est la même chose, AA'$\times$GH; celle de la face suivante sera AA'$\times$HI, et ainsi de suite. Il résulte de là que la somme de tous ces parallélogrammes aura pour mesure le produit de leur base commune par la somme des hauteurs FG + GH + HI + IK + KF, c'est-à-dire le produit de l'arête du prisme par le périmètre de sa section droite; C. Q. F. D.

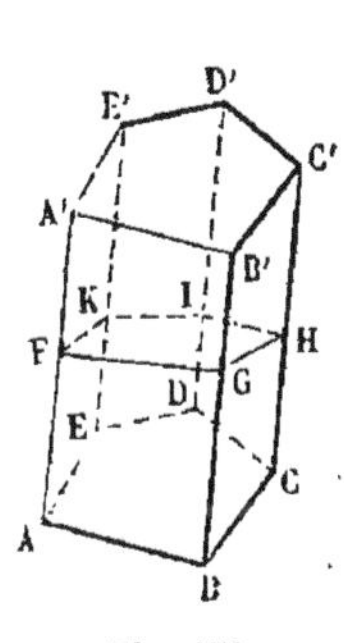

Fig. 173.

242. Corollaire. Lorsque le prisme est droit, sa base

est égale à sa section droite, et son arête est égale à sa hauteur ; donc *la surface latérale d'un prisme droit a pour mesure le produit du périmètre de sa base par sa hauteur.*

243. Théorème. *La surface d'un cylindre quelconque a pour mesure le produit de la circonférence de sa section droite par la longueur de sa génératrice.* En particulier *la surface latérale d'un cylindre droit a pour mesure le produit de la circonférence de sa base par sa hauteur.*

Ce théorème est une conséquence immédiate du précédent, puisque le cylindre peut être assimilé à un prisme ayant un nombre indéfini de faces.

Lorsque le cylindre est droit, on peut encore démontrer le théorème en remarquant que le développement de la surface latérale de ce corps est un rectangle ayant même hauteur que le cylindre et ayant pour base une ligne droite de même longueur que la circonférence de la base du cylindre; la mesure de la surface du cylindre est donc la même que celle de ce rectangle.

244. Corollaire. Considérons en particulier un cylindre droit à base circulaire ; désignons par R son rayon, et par H sa hauteur; la circonférence de la base sera égale à $2\pi R$ (Géom. pl., **478**); donc la surface latérale du cylindre sera donnée par la formule :

$$\text{surf. lat. cyl.} = 2\pi RH.$$

Il est facile aussi de calculer la surface *totale* du cylindre : il suffit d'additionner la surface latérale et les surfaces des deux cercles de base ; or, l'aire de chacun d'eux est égale à πR^2 (Géom. pl., **505**); la surface totale sera donc égale à $2\pi RH + 2\pi R^2$, ou, ce qui revient au même, à $2\pi R \times (R + H)$;

$$\text{surf. tot. cyl.} = 2\pi R \times (R + H).$$

Exemple. Le diamètre d'un tuyau creux est égal à 18 centimètres, et sa hauteur est égale à 65 centimètres;

quelle est sa surface latérale? Le rayon de ce cylindre est égal à 9 centimètres; sa surface est donc

$$2\pi \times 9 \times 65 = \pi \times 1170 = 3675^{cq},66,$$

ou 36 décimètres carrés 75 centimètres carrés 66 millimètres carrés, à moins d'un millimètre carré par défaut.

245. DÉFINITION. On appelle *apothème* d'une pyramide régulière SABCDE la longueur de la perpendiculaire SG abaissée du sommet de la pyramide sur l'un quelconque des côtés de la base (fig. 174). Toutes les faces étant des triangles isocèles égaux, les perpendiculaires abaissées du sommet sur les bases de ces triangles ont évidemment la même longueur.

246. THÉORÈME. *La surface latérale d'une pyramide régulière a pour mesure la moitié du produit de son apothème par le périmètre de sa base.*

Soient SABCDE une pyramide régulière, SG son apothème; les faces latérales SAB, SBC, etc., sont des triangles isocèles ayant pour bases les divers côtés de la base de la pyramide, et pour hauteur commune la longueur de l'apothème SG; or, chacun d'eux a pour mesure la moitié du produit de sa base par sa hauteur (Géom. pl., **492**); donc leur somme est égale à la moitié du produit de la somme des bases par la hauteur commune; en d'autres termes, la surface latérale de la pyramide a pour mesure la moitié du produit du périmètre de sa base par son apothème; C. Q. F. D.

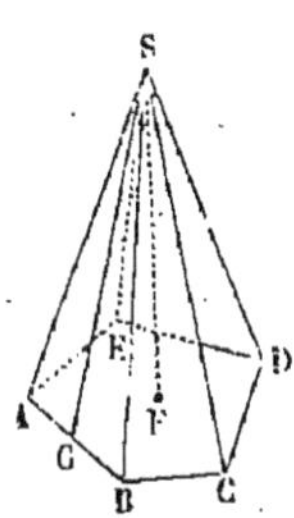

Fig. 174.

247. THÉORÈME. *La surface latérale d'un cône droit a pour mesure la moitié du produit de la circonférence de base par le côté du cône.*

J'inscris dans le cône une pyramide régulière, SABCD, et je suppose que le nombre des faces augmente de plus en plus; la surface latérale de la pyramide se rapprochera de plus en plus de celle du cône ; en même temps, le périmètre de la base de cette pyramide tendra vers la circonférence de base du cône, et l'apothème SL de la pyramide aura pour limite le côté SK du cône ; donc, en vertu du théorème précédent, la surface latérale du cône aura pour mesure la moitié du produit de la circonférence de sa base par son côté ; C. Q. F. D.

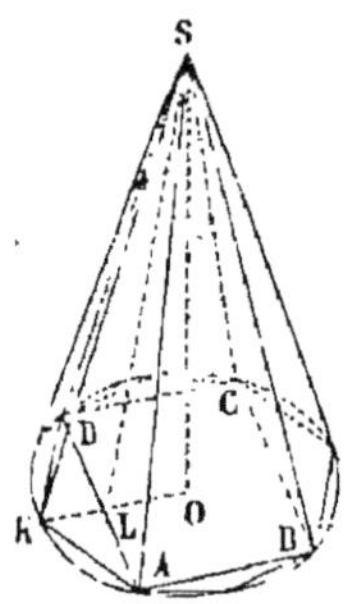

Fig. 175.

On pourrait encore démontrer ce théorème en développant la surface latérale du cône sur un plan, et mesurant l'aire du secteur qui forme ce développement (**181**).

248. Remarque. En désignant par la lettre R le rayon de la base du cône, et par A le côté de ce cône, la surface latérale du cône sera exprimée par le produit $\frac{1}{2} . 2\pi R \times A$, ou simplement π RA ; on a donc la formule

$$\text{surf. lat. cône.} = \pi RA$$

La surface *totale* s'en déduira immédiatement en ajoutant l'aire de la base à la surface latérale, ce qui donne

$$\text{surf. tot. cône} = \pi R^2 + \pi RA = \pi R \times (R + A).$$

249. Théorème. *La surface latérale d'un tronc de pyramide régulière a pour mesure la demi-somme des périmètres de ses bases multipliée par l'apothème du tronc de pyramide.*

Soit SABCDE une pyramide régulière que je coupe par un plan *abcde* parallèle à la base (fig. 176) ; j'obtiens ainsi un tronc de pyramide régulière, dont toutes les faces latérales sont des trapèzes isocèles égaux ; en effet, les arêtes SA, SB, SC,... sont toutes égales, puisque la pyramide SABCDE est régulière ; les arêtes S*a*, S*b*, S*c*,... proportionnelles à SA, SC, SC,... (**122**), sont aussi égales entre elles ; donc A*a* = B*b* = C*c* = . . . ; par suite les trapèzes sont tous isocèles ; je dis de plus qu'ils sont égaux ; car leurs grandes bases sont égales puisque le polygone ABCDE est régulier ; leurs petites bases sont aussi égales, parce que le polygone *abcde* est semblable au polygone ABCDE (**122**) et par conséquent est régulier; enfin les côtés non parallèles sont tous égaux entre eux, comme nous venons de le faire voir; donc tous ces trapèzes sont égaux entre eux (Géom. pl., **357**). Il résulte de là qu'ils auront tous la même hauteur; pour l'obtenir, je mène l'apothème SG de la pyramide SABCDE; la partie G*g* de cette ligne comprise entre AB et *ab* sera la hauteur du trapèze AB*ba ;* on lui donne le nom d'*apothème* du tronc de pyramide.

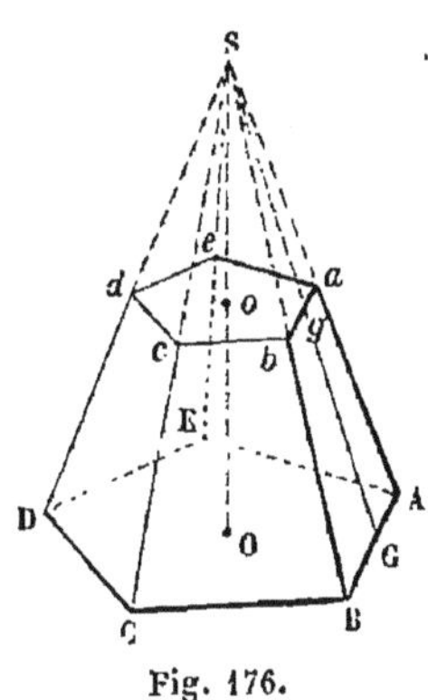

Fig. 176.

Cela posé, j'évalue successivement les aires de toutes les faces latérales de ce polyèdre; l'aire du trapèze AB*ba* est égale, comme on sait (Géom. pl., **494**), au produit $\frac{AB + ab}{2} \times Gg$; de même l'aire du trapèze BC*cb* est égale à $\frac{BC + bc}{2} \times Gg$; et ainsi de suite; la somme de ces trapèzes est évidemment égale au produit de la demi-somme de toutes les bases multipliées par la hauteur commune, c'est-à-dire à

$$\frac{AB + BC + CD + \ldots\ldots + ab + bc + cd + \ldots\ldots}{2} \times Gg;$$

en d'autres termes, la surface latérale du tronc de pyramide est égale à la demi-somme des périmètres des bases multipliée par l'apothème; C. Q. F. D.

250. THÉORÈME. *La surface latérale d'un tronc de cône droit a pour mesure la demi-somme des circonférences des bases multipliée par le côté.*

Cela résulte immédiatement de ce que le tronc de cône

peut être assimilé à un tronc de pyramide régulière ayant un nombre indéfini de faces. On peut encore y arriver en mesurant l'aire du développement de la surface du tronc de cône (**181**).

251. REMARQUE. Si nous appelons R et r les rayons des deux bases du tronc de cône, et A, son côté, son aire latérale sera donnée par la formule :

$$\text{surf. lat. du tronc de cône} = \pi(R + r) \times A\,;$$

car les circonférences des deux bases ont pour longueurs respectives $2\pi R$ et $2\pi r$, et leur demi-somme est égale à $\pi(R + r)$.

EXEMPLE. Les rayons des deux bases d'un tronc de cône sont respectivement égaux à 5 décimètres et à 3 décimètres; le côté est égal à 1 mètre ; trouver la surface latérale de ce corps.

Je rapporte d'abord toutes les lignes à la même unité de longueur, au mètre par exemple, et alors j'ai

$$R = 0^{m},5\,; \qquad r = 0^{m},3\,; \qquad A = 1^{m}\,;$$

et la surface est

$$\pi \times 0,3 \times 1 = 2^{mq},513274,$$

ou 2 mètres carrés, 51 décimètres carrés, 32 centimètres carrés, 74 millimètres carrés, à moins d'un millimètre carré par défaut.

Surface de la sphère et de la zone.

252. DÉFINITIONS. On appelle *ligne brisée régulière,* une ligne brisée plane et convexe, qui a tous ses côtés égaux et tous ses angles égaux.

On peut démontrer, comme on l'a fait pour un polygone régulier (Géom. pl., **450**), qu'une ligne brisée régulière peut être inscrite dans un cercle et circonscrite à un autre cercle; le centre commun de ces deux cercles s'appelle le *centre* de la ligne brisée régulière; le rayon du cercle circonscrit et le rayon du cercle inscrit se nomment le *rayon* et l'*apothème* de cette ligne brisée. Enfin, si l'on prend sur une circonférence plusieurs arcs égaux à la suite les uns des autres, les cordes de tous ces arcs formeront une ligne brisée régulière (même démonstration qu'au n° **127** de la Géométrie plane).

253. On appelle *zone* la portion de la surface sphérique comprise entre deux circonférences, dont les plans sont parallèles; ces circonférences s'appellent les *bases* de la zone; sa *hauteur* est la distance des deux plans parallèles.

Si l'on considère le diamètre EF perpendiculaire aux plans des bases de la zone, tout plan mené par ce diamètre coupe la sphère suivant un grand cercle FBAE, et les plans des bases suivant les rayons AD et BC. Lorsqu'on fera tourner la figure autour de EF, la demi-circonférence FBAE engendrera la surface sphérique, les lignes AD et BC décriront les bases de la zone, et l'arc AB engendrera la zone elle-même. Donc *une zone peut être engendrée par la révolution d'un arc de cercle autour d'un diamètre.*

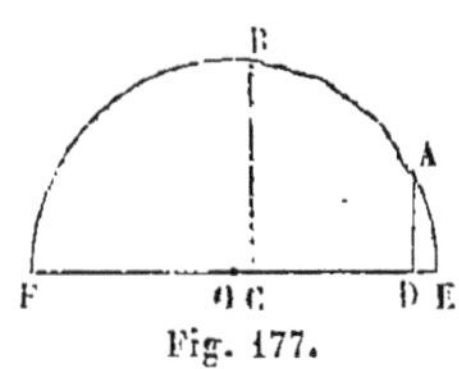

Fig. 177.

254. Concevons maintenant que dans l'arc AB, qui engendre la zone, on inscrive une ligne brisée régulière composée de côtés très-petits et en très-grand nombre; il est clair que cette ligne, en tournant autour du diamètre EF, engendrera une surface qui différera très-peu de la zone; on peut donc regarder la zone comme la limite de la surface engendrée par une ligne brisée régulière inscrite dans l'arc générateur, lorsque le nombre des côtés de cette ligne brisée augmente indéfiniment.

Une zone peut n'avoir qu'une base; ainsi la zone engendrée par la révolution de l'arc AF autour du diamètre

EF n'a qu'une base; on lui donne alors le nom de *calotte sphérique*.

255. LEMME. *Si l'on fait tourner autour d'une droite indéfinie* xy *comme axe, une droite* AB *limitée, située dans un même plan avec l'axe et d'un même côté de cette ligne, la surface de révolution qu'elle engendre a pour mesure le produit de la longueur* AB *par la circonférence que décrit son milieu* M (fig. 178, 179, 180).

La droite AB peut avoir trois positions différentes par rapport à l'axe xy.

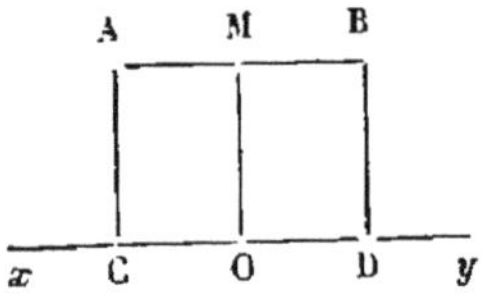

Fig. 178.

1° Elle est parallèle à xy; abaissons des points A, B et M des perpendiculaires AC, BD, MO sur cet arc. En tournant autour de xy, le rectangle ABDC engendre un cylindre (**145**), et la ligne AB décrit la surface latérale de ce cylindre, on a donc (**245**) :

$$\text{surf. AB} = \text{AB} \times \text{circ. BD};$$

mais BD = OM; donc enfin,

$$\text{surf. AB} = \text{AB} \times \text{circ. OM};$$

C. Q. F. D.

2° La droite AB a l'une de ses extrémités, A, sur l'axe; j'abaisse des points B et M les perpendiculaires BD et MO sur xy. Le triangle rectangle ABD, en tournant autour de l'axe, engendre un cône, et l'hypoténuse AB décrit la surface latérale de ce cône (**175**); donc cette surface a pour mesure la moitié du produit de la ligne AB par la circonférence de base (**247**) :

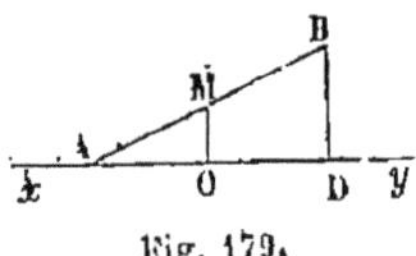

Fig. 179.

$$\text{surf. AB} = \frac{1}{2}\text{AB} \times \text{circB};$$

mais MO est la moitié de BD (Géom. pl. **129**); et comme les circonférences sont proportionnelles à leurs rayons

(Géom., pl. **475**), la circonférence qui a pour rayon OM est la moitié de la circonférence qui a pour rayon BD ; on aura donc encore :

$$\text{surf. AB} = \text{AB} \times \text{circ. OM};$$

C. Q. F. D.

3° Supposons enfin que la droite AB ne soit pas parallèle à l'axe xy, et de plus qu'elle n'ait aucun point commun avec cette ligne. J'abaisse encore des points A, B et M les perpendiculaires AC, BD et MO sur xy ; quand on fera tourner le trapèze ACDB autour de xy, il engendrera un tronc de cône droit à bases circulaires, et la ligne AB décrira la surface latérale de ce tronc de cône (**175**) ; la mesure de cette surface sera égale au produit de AB par la demi-somme des circonférences dont les rayons sont AC et BD (**250**) :

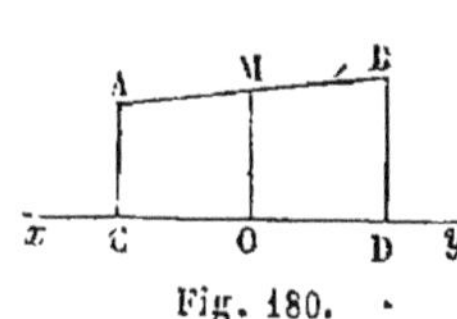

Fig. 180.

$$\text{surf. AB} = \frac{\text{circ. AC} + \text{circ. BD}}{2} \times \text{AB};$$

mais on sait (Géom. pl., **532**) que la ligne MO est égale à la demi-somme des lignes AC et BD ; donc la circonférence qui a pour rayon OM est égale à la demi-somme des circonférences qui ont pour rayons AC et BD (Géom. pl., **475**) ; par conséquent la formule précédente peut s'écrire :

$$\text{surf. AB} = \text{AB} \times \text{circ. OM};$$

C. Q. F. D.

256. Théorème. *La surface engendrée par une ligne brisée régulière* BCDE, *tournant autour d'un axe* xy *mené dans son plan et par son centre* O, *a pour mesure le produit de la circonférence inscrite par la projection* KP *de la ligne brisée sur l'axe* (fig. 181).

Soit OG l'apothème de la ligne brisée ; des sommets B, C, D, E de cette ligne, j'abaisse les perpendiculaires BK, CL, DN et EP sur l'axe xy ; je vais évaluer successivement les surfaces engendrées par les côtés BC, CD, DE, et j'ajouterai ensuite les valeurs trouvées.

Par le milieu G du côté BC, je mène la ligne GH perpendiculaire à xy, et j'ai, d'après le lemme précédent :

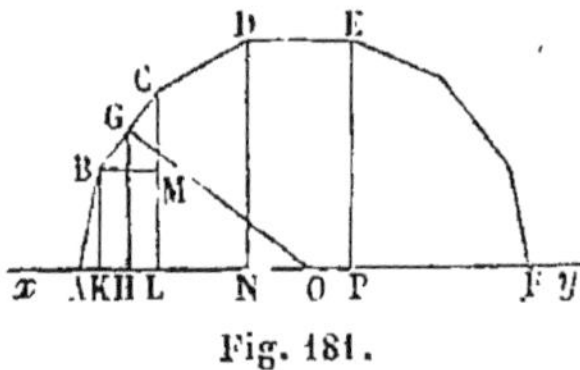

Fig. 181.

$$\text{surf. BC} = \text{BC} \times \text{circ. GH};$$

du point B, je mène BM perpendiculaire à CL; les deux triangles BCM, GOH ont les côtés respectivement perpendiculaires ; donc ils sont semblables (Géom. pl., **315**), et l'on a la proportion :

$$\frac{\text{BC}}{\text{OG}} = \frac{\text{BM}}{\text{GH}};$$

ou, en changeant les moyens de place,

$$\frac{\text{BC}}{\text{BM}} = \frac{\text{OG}}{\text{GH}};$$

d'autre part, les circonférences étant proportionnelles à leurs rayons, on aura aussi

$$\frac{\text{circ. OG}}{\text{circ. GH}} = \frac{\text{OG}}{\text{GH}};$$

ces deux proportions ont un rapport commun ; donc les deux autres sont égaux, ce qui donne :

$$\frac{\text{BC}}{\text{BM}} = \frac{\text{circ. OG}}{\text{circ. GH}};$$

ou bien, en égalant le produit des extrêmes au produit des moyens,

$$\text{BC} \times \text{circ. GH} = \text{BM} \times \text{circ. OG}.$$

Or le premier membre de cette égalité est l'expression de la surface engendrée par la ligne BC, on aura donc

$$\text{surf. BC} = \text{BM} \times \text{circ. OG};$$

remplaçons enfin BM par la ligne égale KL, et l'égalité précédente deviendra :

$$\text{surf. } BC = KL \times \text{circ. } OG.$$

On démontrera de la même manière que

$$\text{surf. } CD = LN \times \text{circ. } OG,$$
$$\text{surf. } DE = NP \times \text{circ. } OG;$$

en ajoutant toutes ces expressions, on aura

$$\text{surf. } BCDE = (KL + LN + NP) \times \text{circ. } OG = KP \times \text{circ. } OG;$$

C. Q. F. D.

257. Théorème. *Une zone a pour mesure le produit de sa hauteur par la circonférence d'un grand cercle.*

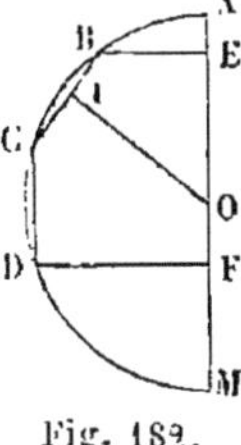

Fig. 182.

Je considère la zone engendrée par l'arc de cercle BCD tournant autour du diamètre AM; soit EF sa hauteur. J'inscris dans l'arc BCD une ligne brisée régulière BCD, et je mène l'apothème OI de cette ligne; d'après le théorème précédent, nous aurons :

$$\text{surf. } BCD = EF \times \text{circ. } OI.$$

Supposons maintenant que l'on augmente indéfiniment le nombre des côtés de la ligne brisée; l'apothème OI se rapprochera de plus en plus du rayon OA, et la surface engendrée par la ligne brisée régulière aura pour limite la zone; nous aurons donc :

$$\text{zone } BD = EF \times \text{circ. } OA;$$

C. Q. F. D.

258. Corollaire. *Sur une même sphère, deux zones sont proportionnelles à leurs hauteurs.* Il résulte de là que, si l'on veut diviser une zone en parties équivalentes, il suffira de diviser sa hauteur en parties égales et de mener par les points de division des plans parallèles aux bases de la zone.

259. REMARQUE. Si nous appelons R le rayon de la sphère, H la hauteur de la zone, nous aurons la formule

$$\text{zone} = 2\pi RH;$$

il en résulte qu'*une zone est équivalente à la surface latérale d'un cylindre de même hauteur que la zone et dont le rayon est égal à celui de la sphère.*

EXEMPLE. La surface de la terre est divisée en cinq zones, la zone *torride*, comprise entre les deux tropiques, deux zones *tempérées*, comprises entre les tropiques et les cercles polaires, et deux zones *glaciales*, comprises entre les cercles polaires et les pôles. Chacune des zones tempérées a une hauteur égale à 3 306 kilomètres environ, quelle sera la surface d'une de ces zones ?

La circonférence d'un grand cercle de la terre vaut, d'après la définition du mètre, 40 000 000 mètres, ou 40 000 kilomètres ; donc la surface d'une zone tempérée sera égale à

$$40\,000 \times 3\,306 = 132\,240\,000 \text{ kilomètres carrés}$$

environ.

260. THÉORÈME. *La surface d'une sphère a pour mesure le produit de son diamètre par la circonférence d'un grand cercle.*

En effet, la sphère entière peut être considérée comme une zone engendrée par la révolution d'une demi-circonférence autour de son diamètre, et cette zone a pour hauteur le diamètre même de la sphère ; donc sa surface est égale au produit de son diamètre par la circonférence d'un grand cercle (**257**).

261. COROLLAIRE I. *La surface d'une sphère est équivalente à quatre fois la surface d'un grand cercle.*

En effet, si nous désignons par R le rayon de la sphère,

sa surface sera exprimée par le produit $2R \times 2\pi R$, ou $4\pi R^2$; or la surface d'un grand cercle est égale à πR^2 (Géom. pl., **505**); donc celle de la sphère est quatre fois plus grande.

262. REMARQUE. On peut exprimer la surface d'une sphère comme celle d'un cercle au moyen de son rayon, de son diamètre ou de la circonférence d'un grand cercle. Je désignerai par les lettres R, D, C et S, le rayon, le diamètre, la circonférence d'un grand cercle, et la surface de la sphère; on trouve aisément les trois formules :

$$S = 4\pi R^2; \qquad [1]$$
$$S = \pi D^2; \qquad [2]$$
$$S = \frac{C^2}{\pi}. \qquad [3]$$

EXEMPLE. Trouver la surface de la terre en myriamètres carrés.

Puisque la circonférence d'un grand cercle est connue, j'emploierai la formule [3]; cette circonférence est égale à 4000 myriamètres; donc la surface du globe terrestre est

$$\frac{4\,000^2}{\pi} = 16\,000\,000 \times \frac{1}{\pi} = 5\,092\,958 \text{ myriamètres carrés,}$$

environ.

263. COROLLAIRE II. *Le rapport des surfaces de deux sphères est égal à celui des carrés de leurs rayons ou de leurs diamètres.*

En effet, soient R et R′ les rayons, D et D′ les diamètres, S et S′ les surfaces des deux sphères; nous aurons :

$$S = 4\pi R^2, \qquad S' = 4\pi R'^2;$$

ou bien

$$S = \pi D^2, \qquad S' = \pi D'^2;$$

en divisant membre à membre, nous aurons :

$$\frac{S}{S'} = \frac{R^2}{R'^2} = \frac{D^2}{D'^2};$$

C. Q. F. D.

Surface d'un anneau.

264. DÉFINITIONS. Considérons une courbe plane ACBC', ayant un axe de symétrie AB, et faisons-la tourner autour d'un axe xy, situé dans son plan et parallèle à AB ; le solide de révolution engendré par cette courbe s'appelle un *anneau*, et l'on peut obtenir la mesure de sa surface et de son volume. Tous les points de l'axe AB de symétrie décriront dans le mouvement de rotation des circonférences égales ; pour simplifier le langage, nous donnerons le nom de *circonférence moyenne* à l'une quelconque de ces circonférences égales ; son rayon est égal à la distance de la ligne AB à l'axe xy.

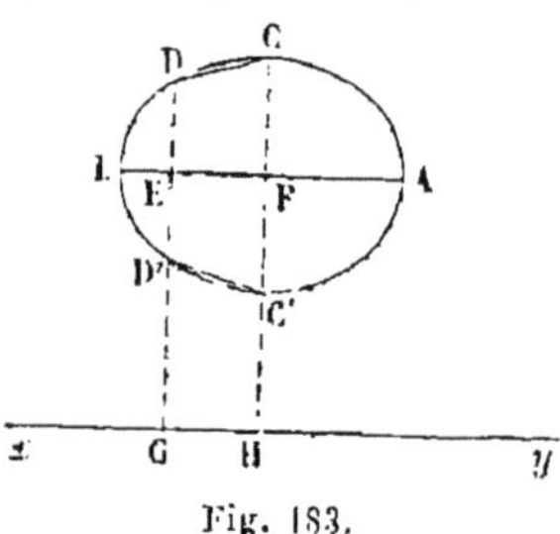

Fig. 183.

Lorsque la courbe génératrice est une circonférence de cercle, le solide de révolution prend le nom de *tore*. Les anneaux en bois qu'on adapte aux rideaux pour les faire glisser sur le bâton qui les supporte, sont des tores ; la gorge d'une poulie est une portion de surface annulaire, qui est engendrée par une demi-circonférence tournant autour d'un axe parallèle à son diamètre, c'est-à-dire une portion de tore ; enfin les moulures qui décorent la base d'une colonne cylindrique nous offrent encore des exemples de surfaces demi-annulaires convexes ou concaves, engendrées par la révolution d'une demi-circonférence autour d'un axe parallèle à son diamètre.

265. THÉORÈME. *La surface d'un anneau a pour mesure le produit de la circonférence moyenne par le contour de la courbe génératrice* (fig. 183).

Dans l'une des moitiés de la courbe génératrice, j'inscris une ligne brisée, et dans l'autre moitié j'inscris une ligne brisée symétrique ; soient CD et C'D', deux côtés correspondants de ces lignes brisées ; les lignes CC' et DD' sont perpendiculaires à l'axe de symétrie AB qu'elles coupent aux points F et E ; je les prolonge jusqu'à l'axe xy, auquel elles seront aussi perpendiculaires. J'évalue les surfaces engendrées par les deux lignes CD et C'D' ; ces surfaces sont les surfaces latérales de deux troncs de cône ; on aura donc (**251**) :

$$\text{surf. } CD = \pi(CH + DG) \times CD,$$
$$\text{surf. } C'D' = \pi(C'H + D'G) \times C'D' ;$$

ajoutons ces deux surfaces, en remarquant que C'D' est égale à CD, et nous aurons :

$$\text{surf. } CD + \text{surf. } C'D' = \pi(CH + C'H + DG + D'G) \times CD ;$$

d'ailleurs, le point F étant le milieu de CC', et le point E étant le milieu de DD', on a :

$$CH = FH + CF ; \qquad C'H = FH - CF ;$$

d'où l'on tire :

$$CH + C'H = 2FH ;$$

de même,

$$DG + D'G = 2EG = 2FH ;$$

donc

$$\text{surf. } CD + \text{surf. } C'D' = 4\pi FH \times CD = 2\pi FH \times 2CD ;$$

or $2\pi FH$ c'est la circonférence moyenne ; donc enfin

$$\text{surf. } CD + \text{surf. } C'D' = \text{circ. moyenne} \times 2CD.$$

En évaluant de même les surfaces engendrées par tous les côtés de la ligne brisée inscrite, et ajoutant toutes ces valeurs, nous arrivons à trouver que la surface totale engendrée par la ligne brisée inscrite dans la courbe ACBC' est égale au produit de la circonférence moyenne par le périmètre de cette ligne brisée. Si l'on suppose ensuite que la ligne brisée se rapproche de plus en plus de la courbe, on aura la mesure de la surface annulaire ; elle sera donc égale au produit de la circonférence moyenne par le contour de la courbe génératrice; C. Q. F. D.

260. Corollaire. Considérons en particulier un tore ; soient R le rayon du cercle générateur, d, la distance de son centre à l'axe ; la circonférence moyenne sera égale à $2\pi d$, et la longueur de la courbe génératrice sera $2\pi R$; donc la surface du tore est égale à

$$2\pi d \times 2\pi R = 4\pi^2 dR.$$

On peut remarquer que cette surface est précisément la même que celle d'un cylindre ayant pour rayon R, et pour hauteur $2\pi d$, c'est-à-dire, la longueur de la circonférence moyenne. On peut donner de ce résultat une interprétation qu'il est utile de connaître : imaginons qu'on courbe un cylindre de révolution de manière que son axe, sans changer de longueur, devienne une circonférence de cercle et que le cylindre lui-même devienne un tore, la surface extérieure ne sera pas changée. Cette transformation d'un cylindre en tore ne pourrait pas être réalisée pratiquement : il est néanmoins utile de la connaître pour se rappeler la mesure de la surface du tore.

On peut étendre ces considérations sur la déformation d'un cylindre; courbons le cylindre de manière que son axe garde une longueur invariable, et que les sections normales à cet axe soient toujours des circonférences égales, on aura une surface particulière à laquelle on donne le nom de *surface canal ;* la surface d'un serpentin en est un exemple ; si l'on admet que la surface du cylindre ne change pas dans cette déformation, on aura le moyen de mesurer les surfaces canaux.

CHAPITRE V

MESURE DES VOLUMES DES CORPS.

Mesure des volumes du prisme et du cylindre.

267. Définitions. Pour mesurer le volume d'un corps, il faut avant tout choisir l'unité de volume. On est convenu de prendre pour *unité de volume le volume du cube, qui a pour côté l'unité de longueur*. En France, où les unités de longueur usitées sont le mètre, ses multiples et ses sous-multiples, les unités de volume seront des cubes ayant pour côtés le mètre, le décimètre, le centimètre, le millimètre, ou bien le décamètre, l'hectomètre, le kilomètre et le myriamètre. On donne le nom de *mètre cube*, au cube qui a un mètre de côté ; et on appelle de même *décimètre cube*, *centimètre cube*, etc., les cubes qui ont pour côtés le décimètre ou le centimètre, etc. Nous désignerons ces diverses unités de volume par les abréviations usitées pour les mesures de longueur, en les faisant suivre de la lettre *c*; ainsi *m. c.* voudra dire *mètres cubes*, *d. c.*, *c. c.*, *mm. c.*, signifieront *décimètres cubes*, *centimètres cubes*, *millimètres cubes*.

268. Toutes ces unités de volume ont entre elles des rapports très-simples : on a fait voir en arithmétique, et nous démontrerons bientôt que le mètre cube vaut 1000 décimètres cubes, celui-ci, 1000 centimètres cubes, etc. ; et, en général, que *chacune des unités de volume vaut* 1000 *fois celle qui la suit immédiatement par ordre de grandeur*. Il résulte de là que, pour passer d'une de ces unités à une autre, il suffira de multiplier ou de diviser les nombres qui expriment les volumes par 1000, ou par 1 000 000, ou par 1 000 000 000, etc. ; si, par exemple, un volume est exprimé en centimètres cubes, et qu'on veuille le rapporter au mètre cube, ou au décimètre cube, il suffira de diviser le nombre qui représente ce volume par 1 000 000 ou par 1 000.

269. On emploie encore sous le nom de *mesures de capacité* des unités de volume qui dérivent des précédentes; ce sont, le *litre*, qui équivaut à un décimètre cube, le *décalitre*, qui vaut 10 litres, l'*hectolitre*, qui vaut 100 litres, le *décilitre*, qui est la 10ᵉ partie du litre, et le *centilitre* qui en est la 100ᵉ partie.

270. Deux corps sont dits *équivalents*, lorsqu'ils ont des volumes égaux, sans qu'on puisse les superposer. Ainsi un prisme peut être équivalent à une pyramide, à un cône, à une sphère.

271. Théorème. *Le volume d'un parallélipipède rectangle a pour mesure le produit de ses trois dimensions.*

Je suppose d'abord que les dimensions du parallélipipède rectangle soient des multiples de l'unité de longueur. Soit ABCDEFGH un parallélipipède rectangle dont les arêtes CD, CA et CH sont respectivement égales à 5 mètres, 2 mètres et 3 mètres. La base ABCD du parallélipipède contient 5 × 2 ou 10 mètres carrés (Géom. pl., 484); sur chacun de ces mètres carrés, on pourra placer un mètre cube, comme on le voit en CMNO; on aura ainsi une tranche de 10 mètres cubes, et cette tranche n'aura qu'un mètre de hauteur; pour remplir tout le parallélipipède, il faudra trois tranches pareilles. Le parallélipipède contiendra donc en tout 5 × 2 × 3 ou 30 mètres cubes; son volume est donc exprimé par le produit de ses trois dimensions; C. Q. F. D.

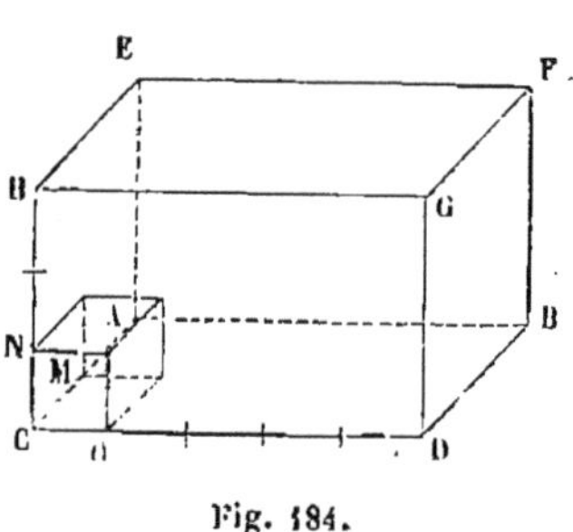

Fig. 184.

En particulier, considérons un cube dont le côté soit égal à 10 fois l'unité de longueur, il contiendra $10 \times 10 \times 10$ ou 1 000 fois l'unité de volume; ce qui démontre que le mètre cube vaut 1 000 décimètres cubes, le décimètre cube, 1 000 centimètres cubes, et ainsi de suite.

Prenons maintenant un parallélipipède rectangle dont les dimensions soient quelconques; supposons, par exemple, qu'elles soient égales à $1^{m},5$, $4^{m},92$ et $0^{m},69$; j'exprime toutes ces longueurs au moyen d'une unité assez petite, pour qu'elles soient représentées par des nombres entiers; il faudra ici les rapporter au centimètre; elles seront alors égales à 250 centimètres, 492 centimètres, et 69 centimètres. La démonstration précédente prouve que le volume du parallélipipède rectangle est égal à $250 \times 492 \times 69$ ou à 8 487 000 centimètres cubes; mais le centimètre cube est la millionième partie du mètre cube; donc ce volume, rapporté au mètre cube comme unité, sera $8^{m.c.}$,487 000; or, d'après la règle de la multiplication des nombres décimaux, ce nombre aurait pu être obtenu en multipliant les trois nombres décimaux 2,50, 4,92 et 0,69; par conséquent le volume du parallélipipède rectangle est encore mesuré par le produit de ses trois dimensions; C. Q. F. D.

272. Corollaire I. La base du parallélipipède est un rectangle, dont l'aire a pour mesure le produit de ses deux dimensions; il en résulte que *le parallélipipède rectangle a pour mesure le produit de sa base par sa hauteur.*

273. Corollaire II. Le cube est un parallélipipède rectangle, dont toutes les dimensions sont égales; donc *le volume du cube a pour mesure le cube de son côté.* C'est à cause de cette propriété que l'on a donné le nom de cube à la troisième puissance d'un nombre.

274. Corollaire III. *Le rapport des volumes de deux parallélipipèdes rectangles est égal au rapport des produits de leurs trois dimensions,* et *le rapport de deux cubes est égal à celui des cubes de leurs arêtes.*

275. Remarque. En désignant par V le volume d'un parallélipipède rectangle, dont les dimensions sont A, B, C, on a la formule :

$$V = A \times B \times C;$$

si ce parallélipipède est un cube, et que A soit son côté, on aura :

$$V = A^3.$$

Au moyen de ces formules, on peut calculer l'une des dimensions d'un parallélipipède rectangle quand on connaît son volume et ses deux autres dimensions, ou bien le côté d'un cube dont le volume est donné.

Exemple I. On mesure le volume du bois de chauffage en empilant des bûches toutes de même longueur entre deux montants verticaux distants d'un mètre; supposant que les bûches aient $1^m,26$ de longueur, on demande quelle devra être la hauteur des montants pour que le volume soit d'un *stère* ou d'un mètre cube.

Il est clair qu'il suffira de diviser le volume connu par le produit des deux dimensions qui sont données; la troisième dimension sera donc

$$\frac{1}{1 \times 1,26} = \frac{100}{126} = 0^m,79,$$

à un centimètre près par défaut.

II. Calculer le côté d'un cube dont le volume est égal à un demi-mètre cube.

Puisque le cube du côté est égal à $\frac{1}{2}$, ce côté est la racine cubique de $\frac{1}{2}$ ou de 0,5, c'est-à-dire $0^m,794$, à moins d'un millimètre par excès.

276. Théorème. *Le volume du parallélipipède droit a pour mesure le produit de sa base par sa hauteur.*

Soit ABCDEFGH un parallélipipède droit dont la base est ABCD, et la hauteur AE; des points A et D j'abaisse les perpendiculaires AI et DK à la ligne BC, j'obtiens ainsi un rectangle ADKI qui est équivalent à la base ABCD du parallélipipède; de plus, les deux triangles ABI et DCK sont égaux (Géom. pl., **490**). Par les deux droites AE et AI, je mène un plan qui coupe les faces EFGH et BCGF suivant les lignes EM et IM; la ligne AD, perpendiculaire à la fois aux deux droites AE et AI, est perpendiculaire au plan AIE (**12**); les lignes EH et MG, parallèles à AD, seront aussi perpendiculaires à ce plan (**27**); donc elles sont perpendiculaires à la ligne EM. Si nous menons aussi un plan HDKL par les deux droites DH et DK, nous verrons, de la même manière, que la ligne HL est perpendiculaire aux arêtes EH et MG; le quadrilatère EHLM est donc un rectangle, et ce rectangle est égal et parallèle au rectangle ADKI. Il résulte de là que le solide ADKIEHLM est un parallélipipède qui a pour base le rectangle ADKI, et comme son arête AE est perpendiculaire au plan de la base, c'est un parallélipipède rectangle (**112**); il a même hauteur AE que le parallélipipède donné, et une base ADKI équivalente à la base ABCD du parallélipipède donné.

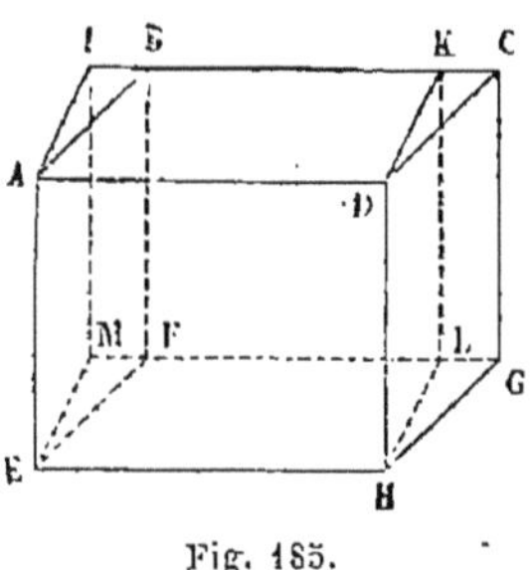

Fig. 185.

Cela posé, les deux solides ABIEFM, DCKHGL sont des prismes triangulaires droits qui ont des bases égales et même hauteur; donc ils sont égaux (**111**); or, en retranchant le premier du solide total, on obtient le parallélipipède donné ABCDE; en retranchant le second du même solide, on obtient le parallèlipipède rectangle ADKIE; ces deux parallélipipèdes, obtenus en retranchant d'un même solide deux prismes égaux, sont équivalents; mais la mesure du parallélipipède rectangle est égale au produit de sa base par sa hauteur; donc le parallélipipède droit, qui a la même hauteur et une base équivalente, aura aussi pour mesure le produit de sa base par sa hauteur ; C. Q. F. D.

277. THÉORÈME. *Le volume d'un prisme triangulaire droit a pour mesure le produit de sa base par sa hauteur.*

Soit ABCEFG un prisme triangulaire droit ; dans le plan de la base ABC, je construis un parallélogramme ABCD double du triangle ABC, et je fais un parallélipipède droit ABCDEFGH, ayant le parallélogramme ABCD pour base, et même hauteur AE que le prisme donné. Le plan CBFG partage ce parallélipipède en deux prismes triangulaires droits qui ont des bases égales et même hauteur, et qui, par conséquent, sont égaux (**116**) ; donc le prisme donné est la moitié du parallélipipède droit de base double et de même hauteur. Il en résulte que la mesure de ce prisme est égale à la moitié du produit de la base du parallélipipède par sa hauteur, ou, ce qui est la même chose, au produit de sa propre base par sa hauteur ; C. Q. F. D.

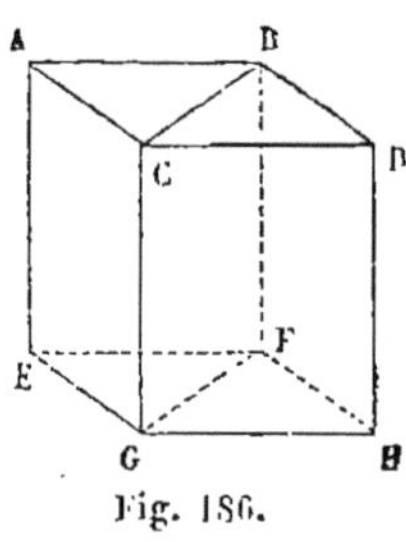

Fig. 186.

278. THÉORÈME. *Le volume d'un prisme droit polygonal a pour mesure le produit de sa base par sa hauteur.*

Soit ABCDEFGHIK un prisme droit polygonal ; je mène des plans par l'arête AF, et les arêtes latérales non adjacentes CH et DI ; ces plans décomposent le prisme polygonal en prismes triangulaires droits de même hauteur ; chacun de ces prismes a pour mesure le produit de sa base par sa hauteur ; donc le prisme total aura pour mesure le produit de la somme des bases par la hauteur commune, c'est-à-dire le produit de sa base par sa hauteur ; C. Q. F. D.

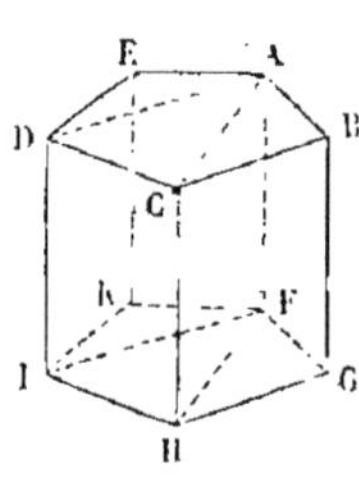

Fig. 187.

279. THÉORÈME. *Le volume du prisme oblique a pour mesure le produit de sa base par sa hauteur.*

Soit MNOP un prisme oblique ; je construis un prisme droit ABCD ayant même base et même hauteur que le prisme oblique ; je dis que ces deux prismes sont équivalents. En effet, je divise l'arête AD du prisme droit en un

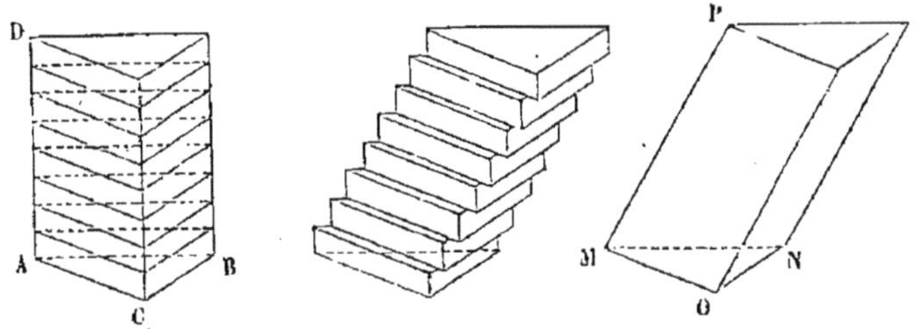

Fig. 188.

certain nombre de parties égales, et, par les points de division, je mène des plans parallèles à la base ABC ; le prisme droit est ainsi décomposé en plusieurs petits prismes égaux entre eux. Si l'on fait glisser ces prismes les uns sur les autres de la même quantité et dans la même direction, le solide prendra la forme indiquée dans la seconde figure ; et la hauteur n'aura pas changé. Supposons maintenant que le nombre des divisions de l'arête AD augmente indéfiniment ; la forme de ce second solide se rapprochera de plus en plus de celle du prisme oblique MNOP. On peut donc considérer ce prisme oblique comme résultant de la déformation d'un prisme droit de même base et de même hauteur ; et, comme cette déformation ne change pas évidemment le volume du prisme droit, nous en concluons que *tout prisme oblique est équivalent au prisme droit de même base et de même hauteur* ; donc, en vertu du théorème précédent, la mesure du prisme oblique est égale au produit de sa base par sa hauteur ; C. Q. F. D.

280. REMARQUE. Les théorèmes précédents peuvent être tous compris dans un seul énoncé : *tout prisme a pour mesure le produit de sa base par sa hauteur.*

281. COROLLAIRE. De ce théorème on tire immédiatement les conséquences suivantes :

1° *Deux prismes, qui ont des bases équivalentes et des hauteurs égales, sont équivalents.*

2° *Deux prismes de même hauteur sont entre eux comme leurs bases.*

3° *Deux prismes qui ont des bases équivalentes sont proportionnels à leurs hauteurs.*

4° *Le rapport de deux prismes quelconques est égal au rapport des produits de leurs bases par leurs hauteurs.*

282. Théorème. *Le volume d'un cylindre a pour mesure le produit de sa base par sa hauteur.*

Car un cylindre peut être considéré comme un prisme ayant un nombre indéfini de faces.

283. Remarque I. Prenons en particulier un cylindre droit à base circulaire, et désignons par R son rayon, et par H sa hauteur; la surface de sa base sera égale à πR^2 (Géom. pl., **303**) ; donc le volume du cylindre sera donné par la formule :

$$\text{vol. cyl.} = \pi R^2 H.$$

Cette formule permet de résoudre divers problèmes sur le cylindre ; elle contient trois grandeurs : le rayon, la hauteur et le volume du cylindre ; deux de ces trois quantités étant données, on peut calculer la troisième.

Exemple I. Un fil cylindrique de platine a 560 mètres de longueur et pèse 387 grammes; sachant qu'un centimètre cube de platine pèse 22 grammes, on demande le diamètre de ce fil.

Le volume du fil sera évidemment $\frac{387 \text{ c. c.}}{22}$, et sa longueur rapportée au centimètre est 56 000 centimètres; on a donc, d'après la formule précédente :

$$\frac{387}{22} = \pi R^2 \times 56\,000;$$

on en tire facilement :

$$R^2 = \frac{387}{22 \times 56000 \times \pi} = 0,000314123... \times \frac{1}{\pi} = 0,00009999,$$

d'où

$$R = \sqrt{0,00009999} = 0^c,0100;$$

le diamètre du fil sera le double de cette longueur, c'est-à-dire 2 dixièmes de millimètre, à moins d'un millième de millimètre par excès.

II. Les mesures de capacité pour les liquides ont la forme d'un cylindre dont la hauteur est le double du diamètre; trouver le diamètre du litre.

Je prends pour unité de longueur le décimètre et par conséquent pour unité de volume, le décimètre cube ou le litre; alors, si j'appelle R le rayon du cylindre, son diamètre sera 2R, sa hauteur 4R, et on aura d'après la formule précédente :

$$1 = \pi R^2 \times 4R = 4\pi R^3;$$

d'où l'on tire :

$$R^3 = \frac{1}{4\pi} = 0,079577471...$$

et par suite,

$$R = \sqrt[3]{0,079577471} = 0^{dm},430$$

à moins d'un millième de décimètre ; le diamètre du litre sera donc $0^{dm},86$ ou 86 millimètres, et sa hauteur sera égale à 172 millimètres.

284. Remarque II. On a souvent besoin, dans les applications, de mesurer le volume d'un solide compris entre deux surfaces cylindriques équidistantes; on le déduit sans peine de la mesure du cylindre plein ; car ce solide peut être considéré comme la différence de deux cylindres.

Soient R et r les rayons des deux surfaces cylindriques, H, leur hauteur commune, la mesure du volume compris entre les deux surfaces sera

$$\pi R^2 H - \pi r^2 H = \pi(R^2 - r^2) \times H.$$

EXEMPLE. Trouver le volume de la maçonnerie qui est entrée dans la construction d'un puits cylindrique de $4^m,75$ de profondeur, et de $1^m,24$ de diamètre intérieur, sachant de plus que l'épaisseur uniforme de cette maçonnerie est de $0^m,35$.

D'après les données, le rayon du cylindre intérieur est égal à $0^m,62$, et celui du cylindre extérieur à $0^m,62 + 0^m,35 = 0^m,97$; le volume demandé est donc

$$(0,97^2 - 0,62^2) \times 4,75 \times \pi = 8^{mc},304,$$

ou 8 mètres cubes 304 décimètres cubes, à un décimètre cube près par défaut.

Mesure des volumes de la pyramide et du cône, du tronc de pyramide et du tronc de cône.

285. THÉORÈME. *Deux pyramides triangulaires* SABC, S'A'B'C', *qui ont des bases équivalentes et des hauteurs égales, sont équivalentes.*

Je partage les hauteurs des deux pyramides en un même nombre de parties égales, et je mène par les points de division des plans parallèles aux bases; ces plans déterminent dans les deux pyramides des sections semblables aux bases, et l'on sait que deux sections, telles que DEF, D'E'F', faites dans les deux

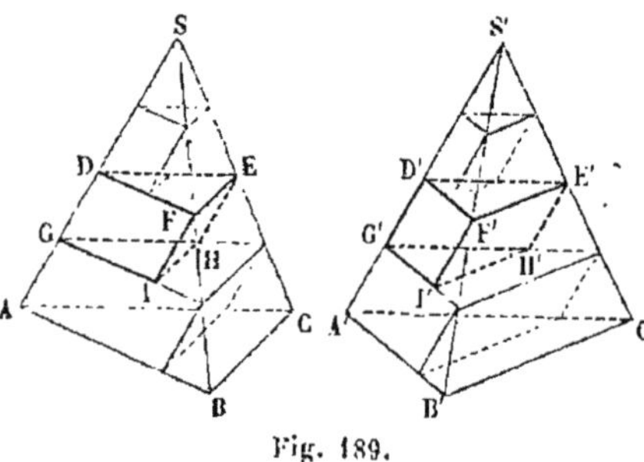

Fig. 189.

pyramides à la même distance du sommet sont équivalentes (**123**). Dans les deux pyramides je construis des prismes tels que DEFGHI, D'E'F'G'H'I', ayant chacun pour base supérieure une des sections, pour arêtes latérales des parallèles à SA et S'A', et pour hauteur la distance constante de deux sections voisines. Tous ces prismes seront deux à deux équivalents, comme ayant des bases équivalentes et des hauteurs égales; par suite la somme des prismes inscrits dans la première pyramide est équivalente à la somme des prismes inscrits dans la seconde. Or, si l'on augmente indéfiniment le nombre des divisions de chacune des hauteurs, la somme des prismes inscrits dans chaque pyramide se rapprochera de plus en plus du volume de cette pyramide; donc les deux pyramides elles-mêmes sont équivalentes; C. Q. F. D.

286. THÉORÈME. *Le volume d'une pyramide triangulaire a pour mesure le tiers du produit de sa base par sa hauteur.*

Soit SABC une pyramide triangulaire; par les points A et C, je mène des lignes AD et CE égales et parallèles à SB, et je joins SD, SE et DE; je forme ainsi un prisme triangulaire ABCSDE, qui a même base et même hauteur que la pyramide donnée. Supposons qu'on retranche de ce prisme la pyramide triangulaire SABC; il restera une pyramide quadrangulaire SACED, dont la base ACED est un parallélogramme. Par les trois points S, C et D je fais passer un plan qui décompose la pyramide quadrangulaire en deux pyramides triangulaires SDCE, SDAC, qui ont des bases égales DEC, DAC, et même hauteur, puisqu'elles ont même sommet S et que leurs bases sont dans le même plan. On a donc d'abord

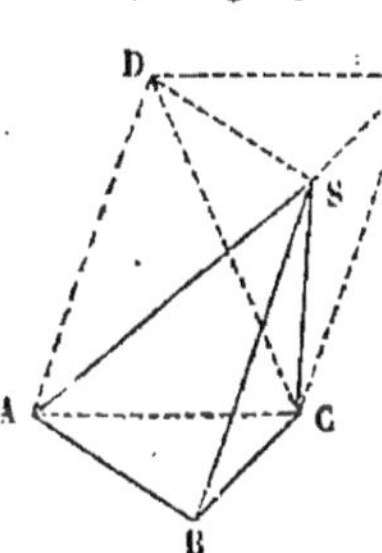

Fig. 190.

$$\text{vol. SDEC} = \text{vol. SDAC}.$$

Mais la pyramide SDEC peut être regardée comme ayant

pour base SDE et pour sommet le point C, et alors on voit que sa base est égale à la base ABC de la pyramide donnée. et que la hauteur de ces deux pyramides est la même ; c'est la distance des plans parallèles ABC, SDE ; ces deux pyramides sont donc équivalentes (**285**), et l'on a :

vol. SABC = vol. SDEC.

Il résulte de là que les trois pyramides qui composent le prisme sont équivalentes ; et par conséquent la pyramide donnée SABC est le tiers du prisme de même base et de même hauteur ; or, le volume du prisme a pour mesure le produit de sa base par sa hauteur ; donc celui de la pyramide a pour mesure le tiers du produit de sa base par sa hauteur ; C. Q. F. D.

287. Théorème. *Le volume d'une pyramide quelconque a pour mesure le tiers du produit de sa base par sa hauteur.*

Soit SABCDE une pyramide polygonale ; en faisant passer des plans par l'arête SE et les arêtes non adjacentes, SB et SC, on décompose cette pyramide en pyramides triangulaires, qui ont toutes même hauteur ; chacune d'elles a pour mesure le tiers du produit de sa base par sa hauteur ; donc la pyramide totale a pour mesure le tiers du produit de la somme des bases par la hauteur commune, c'est-à-dire, le tiers du produit de sa propre base par sa hauteur ; C. Q. F. D.

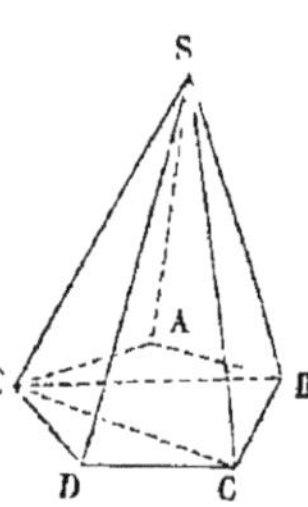

Fig. 191.

288. Corollaires. I. *Toute pyramide est le tiers du prisme de même base et de même hauteur.*

II. *Le rapport des volumes de deux pyramides est égal au rapport des produits de leurs bases par leurs hauteurs.*

289. Remarque. Si l'on désigne par B la base d'une

pyramide et par H sa hauteur, son volume sera exprimé par le produit $\frac{1}{3}$ B × H.

Exemple. La plus grande pyramide d'Égypte a pour base un carré de 232m,75 de côté; sa hauteur est de 146 mètres; quel est son volume?

L'aire de la base est égale à $232,75^2$, et le volume de la pyramide est

$$\frac{1}{3}.\ 232,75^2 \times 146 = 2\,636\,398^{mc},032$$

à 0^{mc},001 près par excès. On voit que cette pyramide a un volume très-considérable; on peut s'en faire une idée nette, en supposant qu'avec les matériaux qui la composent on fasse un mur de 2 mètres de hauteur, et de 40 centimètres d'épaisseur; la longueur du mur serait alors (**275**):

$$\frac{2636398,032}{2 \times 0,40} = 3\,270\,497 \text{ mètres.}$$

c'est-à-dire 3,270 kilomètres environ; un pareil mur pourrait faire à peu près le tour de la France.

290. Théorème. *Le volume du cône a pour mesure le tiers du produit de sa base par sa hauteur.*

Car le cône peut être assimilé à une pyramide ayant un nombre indéfini de faces.

291. Corollaire. *Tout cône est équivalent au tiers du cylindre de même base et de même hauteur* (**282**).

292. Remarque. Considérons en particulier un cône circulaire droit, et désignons par R le rayon de sa base et par H sa hauteur; son volume aura pour expression $\frac{1}{3}\pi R^2 H$.

293. THÉORÈME. *Le volume du tronc de pyramide à bases parallèles est égal à la somme des volumes de trois pyramides, ayant pour hauteur commune la hauteur du tronc, et pour bases respectives la base inférieure du tronc, sa base supérieure et une moyenne proportionnelle entre ces deux bases.*

1° Je suppose d'abord que le tronc de pyramide soit triangulaire; pour mesurer son volume, je vais le décomposer en pyramides triangulaires. Soit ABCDEF le tronc de pyramide dont les bases ABC, DEF sont semblables et parallèles (**125**) ; par les trois points A, E, C, je fais passer un plan qui détache du solide la pyramide EABC, laquelle a pour hauteur la hauteur du tronc, et pour base la base inférieure ABC du tronc ; c'est donc la première des trois pyramides énumérées dans l'énoncé du théorème.

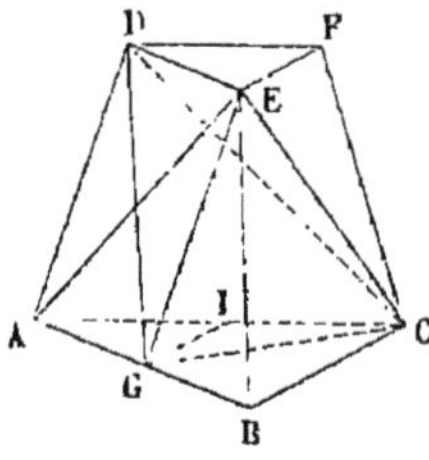

Fig. 192.

J'enlève cette pyramide EABC, et il reste une pyramide quadrangulaire EACFD, que je décompose en deux pyramides triangulaires EDFC, EDAC par le plan DEC; la pyramide EDFC peut être regardée comme ayant pour base DEF et pour sommet le point C; sa hauteur est donc la même que celle du tronc, et sa base DEF est la base supérieure du tronc ; par conséquent c'est la seconde des pyramides de l'énoncé.

Il reste encore la pyramide EDAC. Si je mène EG parallèle à AD, et que je joigne le point G aux points D et C, je forme une nouvelle pyramide GDAC équivalente à EDAC ; car elles ont toutes deux pour base DAC, et leurs sommets étant placés sur une parallèle au plan de cette base (**40**), elles ont aussi même hauteur, elles sont donc équivalentes. Or, la pyramide GADC peut être regardée comme ayant son sommet en D ; elle a alors même hauteur que le tronc, et, pour prouver que c'est la troisième pyramide de l'énoncé, il suffit de faire voir que sa base GAC est moyenne proportionnelle entre les deux bases du tronc de pyramide.

Par le point G, je mène GI parallèle à BC ; les triangles AGI et DEF ont les côtés parallèles, et par suite sont équiangles ; de plus les côtés AG et DE sont égaux comme parallèles comprises entre parallèles ; donc ces triangles sont égaux (Géom. pl., **300**). Les triangles AGC, ABC, qui ont même sommet C et leurs bases AG, AB en ligne droite, ont même hauteur ; donc ils sont entre eux comme leurs bases (Géom. pl., **495**), et l'on a :

$$\frac{ABC}{AGC}=\frac{AB}{AG}; \qquad [1]$$

de même les deux triangles AGC, AGI, qui ont même hauteur, sont proportionnels à leurs bases AC et AI,

$$\frac{AGC}{AGI}=\frac{AC}{AI}; \qquad [2]$$

de plus les parallèles GI et BC divisent les côtés AB et AC en parties proportionnelles (Géom. pl., **120**), et l'on a :

$$\frac{AB}{AG}=\frac{AC}{AI}; \qquad [3]$$

de la comparaison des proportions [1], [2,] [3], on déduit immédiatement :

$$\frac{ABC}{AGC}=\frac{AGC}{AGI},$$

ce qui prouve que le triangle AGC est une moyenne proportionnelle entre les triangles ABC et AGI, ou ce qui est la même chose entre ABC et DEF (Géom. pl., **202**). Le théorème est donc démontré complétement pour le tronc de pyramide triangulaire.

2° Considérons maintenant un tronc de pyramide polygonale ABCDEFGH, qui est la différence des deux pyramides SABCD et SEFGH (fig. 193). Sur le plan de la base ABCD je construis un triangle A'B'C' équivalent au polygone ABCD, et je prends ce triangle pour base d'une pyramide S'A'B'C' ayant même hauteur que la pyramide SABCD ; ces deux pyramides seront alors équivalentes (**285**). Le plan EFGH détermine dans la pyramide S'A'B'C' une section E'F'G', équivalente à EFGH (**125**); et comme de plus les petites pyramides SEFGH, S'A'B'C' ont même hauteur, elles sont aussi équivalentes. Il en résulte que le tronc de pyramide polygonale est équivalent au tronc de pyramide triangulaire A'B'C'E'F'G'; comme de plus ces deux troncs ont même hauteur et leurs bases équivalentes deux à deux, la mesure de leurs volumes aura la même expression ; et le tronc de pyramide polygonale sera équivalent à la somme de trois pyramides ayant pour hauteur commune la hauteur du tronc et pour bases respectives, la base inférieure du tronc, sa base supérieure et une moyenne proportionnelle entre ces deux bases.

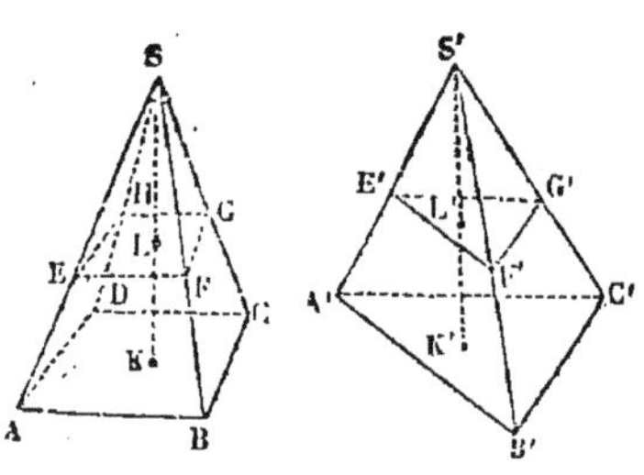

Fig. 193.

294. Remarque. Soient B et b les deux bases d'un tronc de pyramide, H sa hauteur; les volumes des trois pyramides qui composent ce tronc ont pour expressions (**289**) :

$$\frac{1}{3}B \times H, \quad \frac{1}{3}b \times H, \quad \frac{1}{3}\sqrt{Bb} \times H;$$

donc le volume du tronc sera :

$$\frac{H}{3} \times (B + b + \sqrt{Bb}).$$

Exemple. L'obélisque de Luxor est un tronc de pyramide très-allongé, à bases carrées, surmonté sur sa petite base d'une pyramide irrégulière. Le côté de la base inférieure a $2^m,42$ de longueur, celui de la base supérieure, $1^m,54$; la distance des deux bases est égale à $21^m,60$, et la hauteur de la pyramide à $1^m,20$. Trouver le poids de l'obélisque, sachant que le mètre cube du granit dont il est formé pèse 2,750 kilogrammes.

Cherchons d'abord son volume : l'aire de la grande base du tronc est $2,42^2 = 5^{mq},8564$; celle de la petite base est $1,54^2 = 2^{mq},3716$; la moyenne proportionnelle entre les deux bases est $\sqrt{2,42^2 \times 1,54^2}$ ou bien, $2,42 \times 1,54 = 3^{mq},7268$; j'ajoute ces trois nombres, ce qui me donne 11,9548. Le volume du tronc de pyramide est alors :

$$11,9548 \times \frac{21,60}{3} = 86^{mc},074560.$$

Le volume de la pyramide sera de même :

$$2,3716 \times \frac{1,20}{3} = 0^{mc},948640 ;$$

et le volume total de l'obélisque sera enfin

$$86^{mc}\,07456 + 0^{mc}\,94864 = 87^{mc}\,0232.$$

Alors son poids est :

$$2750^{kg} \times 87,0232 = 239\,313^{kg},8.$$

ou 2393 quintaux métriques environ.

295. Théorème. *Le volume d'un tronc de cône est équivalent à la somme des volumes de trois cônes ayant pour hauteur commune la hauteur du tronc et pour bases respectives, la base inférieure du tronc, sa base supérieure et une moyenne proportionnelle entre les deux bases.*

Considérons un tronc de pyramide inscrit dans le tronc de cône; ce tronc de pyramide est équivalent à la somme de trois pyramides ; et si l'on suppose que le nombre des faces latérales de ce polyèdre augmente indéfiniment, les pyramides dont il est la somme tendront vers des cônes, et la mesure de son volume à la limite sera donnée par l'énoncé précédent.

296. Remarque. Appliquons le théorème précédent au

tronc de cône droit à bases circulaires : soient R et r les rayons des deux bases, H la hauteur ; l'aire de la base inférieure sera πR^2, celle de la base supérieure, πr^2 ; cherchons maintenant la moyenne proportionnelle entre ces deux bases : il faut les multiplier l'une par l'autre, et extraire la racine carrée du produit, ce qui donne évidemment πRr ; le volume du tronc de cône est donc

$$\frac{1}{3}\pi R^2H + \frac{1}{3}\pi r^2H + \frac{1}{3}\pi RrH.$$

ou bien,

$$\frac{\pi H}{3}(R^2 + r^2 + Rr).$$

EXEMPLE. Trouver en litres la capacité intérieure d'un vase ayant la forme d'un tronc de cône et les dimensions suivantes :

Rayon de la grande base............	$12^c,5$
Rayon de la petite base.............	10^c
Hauteur..........................	25^c

Comme on demande le volume en litres ou en décimètres cubes, je rapporterai ces longueurs au décimètre, et alors le volume sera

$$\frac{2,5\,\pi}{3} \times (1,25^2 + 1^2 + 1,25 \times 1) = 9^{lit},981$$

à moins d'un centimètre cube par défaut.

292. APPLICATIONS. I. *Cubage des arbres en grume. Cuber* un tronc d'arbre, une pièce de bois, un tas de sable, une pierre de taille, une chambre, etc., c'est en mesurer le volume.

Un arbre en *grume*, c'est un arbre abattu, dépouillé de ses branches, mais ayant encore son écorce. Supposons qu'un tronc d'arbre en grume soit bien rond et bien droit, et qu'on veuille le cuber : on pourra le considérer comme un tronc de cône, et déterminer son volume par la formule précédente; on mesure avec une ficelle les circonférences extrêmes et la longueur du tronc d'arbre ; on peut alors calculer les rayons R et r et appliquer la formule. Lorsque les circonférences extrêmes sont peu différentes l'une de l'autre, on peut, sans erreur notable, regarder le tronc d'arbre comme un cylindre ayant pour diamètre le diamètre moyen de l'arbre, ce qui simplifie beaucoup les calculs.

Il est extrêmement rare qu'on ait besoin de mesurer le volume *exact* d'un arbre en grume ; ce que l'on cherche habituellement, c'est le volume qu'il aurait si l'on enlevait l'écorce et l'aubier. Il ne peut pas y avoir de règle géométrique pour résoudre cette question; mais l'expérience a indiqué des moyens pratiques qu'il est utile de connaître. D'abord, on a coutume de mesurer la circonférence moyenne en dedans de l'écorce; ensuite on déduit une certaine fraction de ce pourtour moyen, ordinairement le sixième ou le cinquième ; on prend le quart de la longueur restante; on l'élève au carré, et on multiplie ce carré par la longueur de l'arbre. C'est ce qu'on appelle cuber un arbre *au sixième déduit*, *au cinquième déduit*.

EXEMPLE. Un sapin a $17^{m},40$ de longueur ; son pourtour moyen sous écorce est égal à $1^{m},17$; cuber cet arbre au sixième déduit.

Déduction faite du sixième, le pourtour moyen est $0^{m},975$; alors le volume demandé est :

$$\left(\frac{0,975}{4}\right)^2 \times 17,40 = 1^{\text{m.c.}},0338046875,$$

ou simplement $1^{\text{stère}},03$, à moins d'un centième de stère.

298. II. *Jaugeage des tonneaux. Jauger* un vase, c'est trouver sa capacité en hectolitres, en décalitres, en litres, etc. Les tonneaux n'ont pas une forme géométrique très-régulière, parce que les douves ont une courbure variable ; on ne peut donc pas avoir une formule rigoureuse pour l'évaluation de leur volume. On emploie un grand nombre de formules empiriques dont nous donnerons quelques-unes;

dans toutes. R désignera le plus grand rayon intérieur du tonneau ; c'est le rayon du *bouge;* r représentera le rayon intérieur de chacun des fonds du tonneau ou rayon du *jable*, et H la longueur intérieure du tonneau.

L'instruction ministérielle de l'an VII prescrivait un procédé qui peut s'expliquer algébriquement par la formule suivante :

$$V = \pi H \left[\frac{2R + r}{3} \right]^2; \qquad [1]$$

cela revient, en définitive, à considérer le tonneau comme un cylindre dont le rayon est $\frac{2R + r}{3}$, et dont la hauteur est égale à la longueur intérieure du tonneau.

On emploie fréquemment en France la formule suivante, dite *formule de Dez :*

$$V = \pi H \left[R - \frac{3}{8}(R - r) \right]. \qquad [2]$$

En Angleterre on fait usage de la *formule d'Oughtred :*

$$V = \frac{1}{3} \pi H (2R^2 + r^2). \qquad [3]$$

Enfin, on a proposé la formule suivante, qui est extrêmement simple, et qui donne ordinairement une approximation suffisante

$$V = 3{,}2 \times RrH. \qquad [4]$$

Cette dernière formule peut s'énoncer simplement comme il suit :

Multipliez par 8 *le produit des trois dimensions intérieures du tonneau, longueur intérieure, diamètre du bouge et diamètre du jable, et vous aurez la capacité du tonneau en hectolitres.*

En effet, la formule [4] donne le volume exprimé en

mètres cubes; pour l'avoir en hectolitres, il faut multiplier l'expression précédente par 10, ce qui donne :

$$V = 32\,RrH = 8 \times H \times 2\,R \times 2\,r;$$

la règle précédente n'est que la traduction de cette formule.

Appliquons ces diverses formules à un exemple ; nous supposerons

$$R = 0^{m},33$$
$$r = 0^{m},29$$
$$H = 0^{m},75$$

et, pour avoir la capacité en litres, nous rapporterons toutes ces longueurs au décimètre. La formule [1] donne

$$V = 7,5 \times \pi \times \left(\frac{9,5}{3}\right)^2 = 236^{lit},27$$

à un centilitre près par défaut.

La formule de Dez donne

$$V = 7,5 \times \pi \times (3,3 - 0,15)^2 = 233^{lit},79$$

à un centilitre près par défaut.

La formule d'Oughtred donne

$$V = \frac{7,5}{3} \times \pi \times (3,3^2 \times 2 + 2,9^2) = 237^{lit},11$$

à un centilitre près par défaut.

Enfin la formule [4] donne

$$V = 3,2 \times 3,3 \times 2,9 \times 7,5 = 229^{lit},68.$$

On voit par l'écart de ces résultats que chacune des quatre formules qui précèdent ne peut être exacte que pour une forme spéciale de tonneaux; la dernière formule notamment donne un volume sensiblement moindre que les trois autres.

299. Les employés des droits réunis et des octrois emploient, pour jauger les tonneaux, une longue tige de fer graduée appelée *jauge* qu'ils introduisent par la bonde, de telle sorte que l'extrémité inférieure s'appuie au point le plus bas de l'un des fonds : si tous les tonneaux étaient construits dans les mêmes proportions, cette seule opération suffirait évidemment pour qu'on pût comparer le volume du tonneau à celui d'un tonneau type, et une table convenable ferait connaître immédiatement la contenance du tonneau ; on pourrait même inscrire, directement sur la jauge, les volumes qui correspondent aux diverses profondeurs, et se dispenser de toute table. Cette hypothèse est loin d'être exacte ; mais comme le procédé de jaugeage auquel elle conduit est d'une grande rapidité, et n'exige aucune connaissance géométrique chez ceux qui sont chargés de l'appliquer, il a été adopté par l'administration des contributions indirectes et par les octrois des villes.

300. Enfin, quand un tonneau a une forme tout à fait irrégulière, ou qu'on veut en connaître la contenance exacte, on le remplit avec de l'eau qu'on mesure avec un litre en étain ; ou bien, s'il est déjà plein, on le vide dans un *dépotoir* cylindrique exactement gradué ; et on obtient ainsi sa capacité en litres par une mesure directe.

Mesure du volume d'un polyèdre quelconque, d'un tronc de prisme.

301. Problème. *Mesurer le volume d'un polyèdre quelconque.*

On décompose ce polyèdre en pyramides en joignant un point pris dans son intérieur à tous les sommets, et on mesure les volumes de toutes ces pyramides ; puis on les ajoute. Ordinairement, au lieu de prendre un point intérieur pour sommet commun de toutes les pyramides, on prend l'un des sommets du polyèdre ; il est alors facile de mesurer les distances de ce sommet à toutes les faces du polyèdre, c'est-à-dire les hauteurs des pyramides qui composent le solide. C'est en appliquant cette méthode générale, que nous allons trouver la mesure du volume du tronc de pyramide triangulaire.

302. Théorème. *Le volume d'un tronc de prisme triangulaire* ABCDEF *est égal à la somme des volumes de trois pyramides ayant pour base commune la base inférieure* ABC *du tronc, et pour sommets respectifs, les sommets* D, E, F *de la base supérieure* (fig. 194).

Par les trois points A, E et C je fais passer un plan, qui détache du tronc de prisme une pyramide triangulaire EABC ayant pour base ABC, et pour sommet le point E ; c'est la première des pyramides énumérées dans l'énoncé.

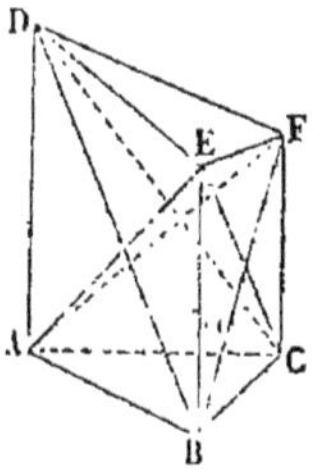

Fig. 194.

Il reste une pyramide quadrangulaire EACFD que je décompose en deux pyramides triangulaires par le plan AEF ; la première de ces pyramides EACF est équivalente à la pyramide BACF qui a même base ACF et même hauteur ; car les sommets B et E sont sur une droite BE parallèle au plan de la base (40). D'ailleurs la pyramide ABCF peut être regardée comme ayant pour base ABC et pour sommet le point F ; c'est la seconde des pyramides de l'énoncé.

Prenons enfin la pyramide restante EADF ; on peut d'abord, sans changer son volume, transporter le sommet E au point B sur la ligne BE parallèle au plan de la base, ce qui donne la pyramide BADF. Cette dernière peut être regardée comme ayant pour base le triangle BAD, et alors nous pouvons transporter encore son sommet F en C sur la ligne CF parallèle au plan de sa base, ce qui nous donne la nouvelle pyramide CBAD ; or on peut prendre pour base de cette pyramide le triangle ABC ; son sommet est alors le point D, et c'est la troisième des pyramides mentionnées dans l'énoncé du théorème.

303. Corollaire. *Le volume d'un tronc de prisme trian-*

gulaire a pour mesure le tiers du produit de sa section droite par la somme de ses arêtes.

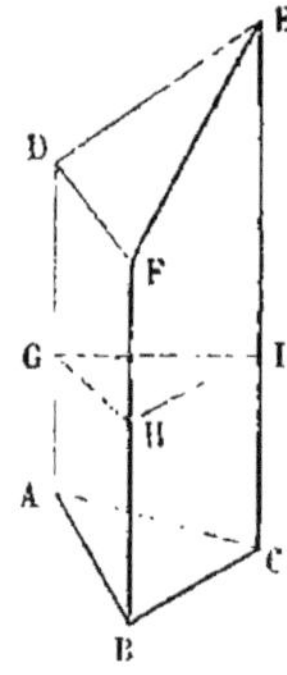

Fig. 193.

Soit GHI la section droite du tronc de prisme ABCDEF ; j'évalue séparément les volumes des deux troncs de prisme GHIABC, et GHIDEF. Le premier est la somme de trois pyramides qui ont pour base commune GHI, et pour sommets respectifs les trois points A, B, C ; les hauteurs de ces pyramides seront les droites AG, BH, CI, perpendiculaires au plan GHI, et la somme des trois pyramides aura pour mesure le tiers du produit de la base commune par la somme des hauteurs, ou

$$\frac{1}{3} \text{GHI} \times (\text{AG} + \text{BH} + \text{CI});$$

pour la même raison, le volume du tronc de prisme GHI DEF sera

$$\frac{1}{3} \text{GHI} \times (\text{GD} + \text{HF} + \text{IE});$$

par suite le volume du tronc de prisme total ABCDEF aura pour mesure

$$\frac{1}{3} \text{GHI} \times (\text{AG} + \text{GD} + \text{BH} + \text{HF} + \text{CI} + \text{IE});$$

ou

$$\frac{1}{3} \text{GHI} \times (\text{AD} + \text{BF} + \text{CE});$$

C. Q. F. D.

304. Remarque. La démonstration précédente s'appliquerait au prisme complet, et donnerait une nouvelle expression de son volume : *le volume du prisme triangulaire a pour mesure sa section droite multipliée par son arête latérale.*

305. Théorème. *Le volume du tronc de parallélipipède a pour mesure le produit de sa section droite par la ligne qui joint les centres des deux bases.*

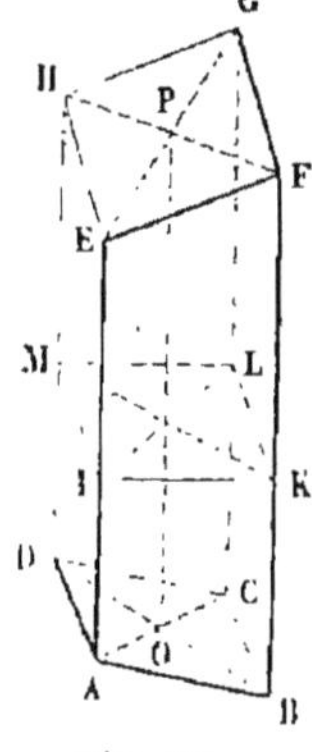

Fig. 196.

Soient ABCDEFGH un tronc de parallélipipède, et IKLM sa section droite; les quadrilatères ABCD, EFGH, IKLM sont des parallélogrammes (**49**). Par deux arêtes opposées AD, CG je fais passer un plan; ce plan décompose le tronc de parallélipipède en deux troncs de prismes triangulaires, qui ont pour sections droites les triangles IKL et IML égaux tous les deux à la moitié du parallélogramme IKLM; on aura alors, en vertu du corollaire précédent,

$$\text{vol. ABCEFG} = \frac{\text{IKLM}}{6} \times (\text{AE} + \text{BF} + \text{CG});$$

$$\text{vol. ACDEGH} = \frac{\text{IKLM}}{6} \times (\text{AE} + \text{DH} + \text{CG});$$

en ajoutant, nous aurons le volume du tronc de parallélipipède :

$$\text{vol. ABCDEFGH} = \frac{\text{IKLM}}{6} \times (2\text{AE} + 2\text{CG} + \text{BF} + \text{DH}).$$

Soient O et P les *centres* des deux bases, c'est-à-dire les points de rencontre des diagonales de ces parallélogrammes; dans le trapèze ACGE, la ligne OP joint les milieux des côtés non parallèles; donc elle est égale à la demi-somme des bases AE et CG (Géom. pl., **332**); on a donc :

$$\frac{1}{2}(\text{AE} + \text{CG}) = \text{OP}; \text{ ou } 2\text{AE} + 2\text{CG} = 4\text{OP};$$

on a de même, dans le trapèze BDHF;

$$\text{BF} + \text{DH} = 2\text{OP};$$

donc enfin

$$\text{vol. ABCDEFGH} = \frac{\text{IKLM}}{6} \times 6\text{OP} = \text{IKLM} \times \text{OP};$$

C. Q. F. D.

306. Application. Les deux théorèmes qui précèdent servent fréquemment dans les applications; beaucoup de corps peuvent se décomposer en troncs de prismes triangulaires ou en troncs de parallélipipèdes; tels sont les amas de gravier ou de sable qu'on place le long des routes, le volume intérieur d'une auge de maçon, d'un tombereau, d'un comble, etc. Pour montrer comment on procède, nous allons nous proposer de mesurer le volume d'un tas de sable ABCDA'B'C'D' compris entre deux rectangles parallèles ABCD, A'B'C'D' et des faces latérales qui sont des trapèzes isocèles. Par les deux arêtes parallèles CD et A'B', je fais passer un plan qui décompose le solide en deux troncs de prismes triangulaires, et je coupe ces deux polyèdres par un plan EFE'F' perpendiculaire à leurs arêtes. J'aurai alors, d'après le corollaire du n° **305** :

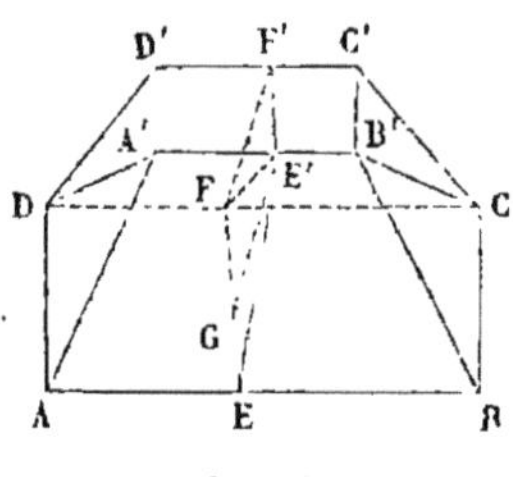

Fig. 197.

$$\text{vol. ADA'BCB'} = \frac{1}{3}\text{EFE'} \times (\text{AB} + \text{CD} + \text{A'B},$$

$$\text{vol. A'DD'B'CC'} = \frac{1}{3}\text{E'FF'} \times (\text{CD} + \text{A'B'} + \text{C'D'}),$$

D'ailleurs l'aire du triangle EFE' est égale à la moitié de sa base EF multipliée par sa hauteur E'G, ou à $\frac{1}{2}$ EF $\times$ E'G, et celle du triangle E'FF' est égale à $\frac{1}{2}$ E'F' $\times$ E'G. Si nous remarquons de plus qu'on a AB = CD, A'B' = C'D', EF = AD, et E'F' = A'D', nous pourrons écrire :

$$\text{vol. } ADA'BCB' = \frac{1}{6} EF \times E'G \times (2AB + A'B').$$

$$\text{vol. } A'DD'B'CC' = \frac{1}{6} E'F' \times E'G \times (AB + 2A'B'),$$

et, en ajoutant, nous aurons pour le volume du tas de sable :

$$\text{vol. } ABCDA'B'C'D' = \frac{1}{6} AD \times E'G \times (2AB + A'B') + \frac{1}{6} A'D' \times E'G \times (AB + 2A'B').$$

Comme on peut mesurer facilement les longueurs AB, AD, A'B', A'D', et la ligne E'G qui est la hauteur du tas de sable, on pourra calculer son volume par la formule précédente.

Rapport des volumes de deux polyèdres semblables.

307. THÉORÈME. *Le rapport des volumes de deux pyramides semblables est égal au rapport des cubes de leurs arêtes homologues.*

Soient SABCD, S*abcd* les deux pyramides semblables que je suppose placées l'une dans l'autre, de manière que les angles polyèdres des sommets coïncident; les faces homologues SAB, S*ab* étant semblables, les lignes AB et *ab* sont parallèles; il en est de même des lignes BC et *bc*; donc les plans ABCD et *abcd* sont parallèles (**58**), et les hauteurs SO et S*o* des deux pyramides sont dirigées suivant la même droite.

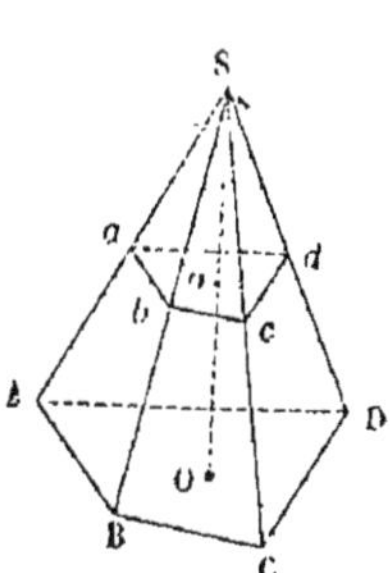

Fig. 198.

Cela posé, les bases des deux pyramides sont semblables, et par conséquent leur rapport est égal au rapport des carrés des côtés homologues (Géom. pl., **520**), ou bien au rapport des carrés des arêtes homologues SA et S*a* des deux pyramides (**122**); on a donc :

$$\frac{ABCD}{abcd} = \frac{\overline{SA}^2}{\overline{Sa}^2};$$

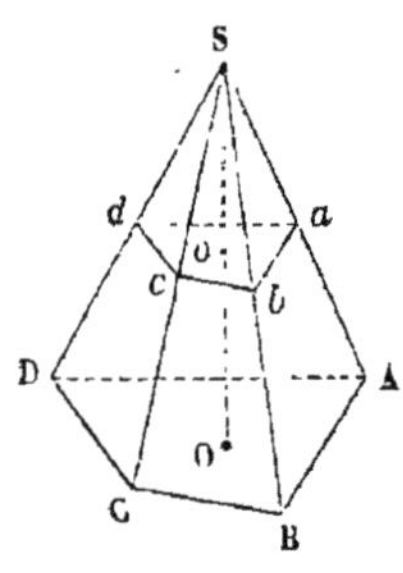

Fig. 199.

on sait aussi que le rapport des hauteurs des deux pyramides est égal au rapport des arêtes homologues (**130**), c'est-à-dire qu'on a :

$$\frac{SO}{So} = \frac{SA}{Sa};$$

multiplions ces deux égalités membre à membre, et nous aurons

$$\frac{ABCD \times SO}{abcd \times So} = \frac{\overline{SA}^3}{\overline{Sa}^3}.$$

Mais on sait que le rapport de deux pyramides est égal au rapport des produits de leurs bases par leurs hauteurs; on a donc ici :

$$\frac{SABCD}{Sabcd} = \frac{ABCD \times SO}{abcd \times So} = \frac{\overline{SA}^3}{\overline{Sa}^3};$$

C. Q. F. D.

308. Théorème. *Le rapport des volumes de deux polyèdres semblables est égal au rapport des cubes de leurs arêtes homologues.*

Nous savons que deux polyèdres semblables peuvent être décomposés en un même nombre de pyramides triangulaires semblables (**133**), et que les arêtes homologues de deux polyèdres semblables sont proportionnelles (**128**). Cela posé, représentons par T, T′, T″ les tétraèdres qui composent le premier polyèdre, par t, t', t'', ceux qui composent le second, par A et a deux arêtes homologues de ces deux polyèdres; nous aurons en vertu du théorème précédent :

$$\frac{T}{t}=\frac{A^3}{a^3},$$
$$\frac{T'}{t'}=\frac{A^3}{a^3},$$
$$\frac{T''}{t''}=\frac{A^3}{a^3},$$

d'où l'on déduit :

$$\frac{T}{t}=\frac{T'}{t'}=\frac{T''}{t''}=\ldots=\frac{A^3}{a^3};$$

et, en appliquant à cette suite de rapports égaux une propriété connue,

$$\frac{T+T'+T''+\ldots}{t+t'+t''+\ldots}=\frac{A^3}{a^3};$$

C. Q. F. D.

309. Remarque. Ce théorème peut s'étendre aux solides semblables qui ne sont pas des polyèdres, parce qu'on peut les regarder comme des polyèdres d'un nombre indéfini de faces. On peut donc dire que *les volumes de deux corps semblables sont proportionnels aux cubes de leurs dimensions homologues*. Ainsi, quand on double ou qu'on triple toutes les dimensions d'un corps, son volume devient 8 fois ou 27 fois plus grand; si l'on rend 10 fois plus grandes toutes les dimensions d'un corps, son volume devient 1000 fois plus grand, et ainsi de suite.

Mesure du volume de la sphère, ou d'une portion de sphère.

310. Définitions. On appelle *secteur sphérique* la portion du volume de la sphère comprise entre une zone et les surfaces coniques qui ont pour sommet le centre de la sphère, et pour bases respectives les deux bases de la zone.

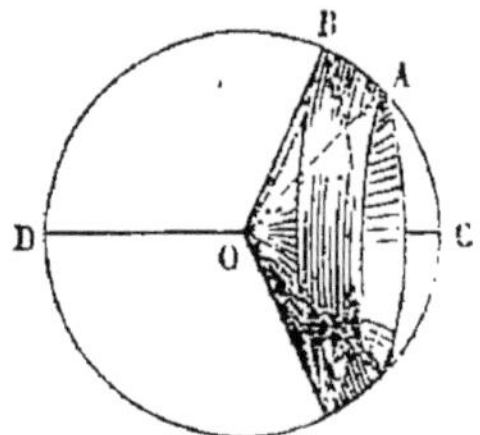

Fig. 200.

Le secteur sphérique peut être engendré par la révolution d'un secteur circulaire OAB, autour d'un diamètre CD de ce cercle, mené hors du secteur.

311. On appelle *onglet sphérique* la portion de la sphère comprise entre deux demi-grands cercles : un quartier d'orange donne une idée très-juste de la forme de ce corps. La portion de la surface sphérique comprise entre les mêmes demi-grands cercles, porte le nom de *fuseau*.

312. On appelle *segment sphérique* ou *tranche sphérique* la portion du volume de la sphère comprise entre deux plans parallèles; la distance de ces deux plans parallèles est la *hauteur* du segment, et les cercles suivant lesquels ces plans coupent la sphère se nomment les *bases* du segment.

313. Théorème. *Le volume d'une sphère a pour mesure le produit de sa surface par le tiers du rayon.*

Imaginons qu'on circonscrive à la sphère un polyèdre dont toutes les faces lui soient tangentes, et joignons le centre de la sphère à tous les sommets de ce polyèdre; nous le décomposerons ainsi en pyramides ayant pour bases les différentes faces du polyèdre, et pour hauteur commune le rayon de la sphère; car la distance du centre d'une sphère à un plan tangent est égale au rayon (**223**). Il résulte de là que le volume de ce polyèdre aura pour mesure le produit de la somme de ses faces par le tiers du rayon, ou, ce qui revient au même, le produit de sa surface par le tiers du rayon (**287**).

Supposons maintenant qu'on augmente indéfiniment le nombre des faces de ce polyèdre; son volume se rapprochera de plus en plus de celui de la sphère, et sa surface aura pour limite la surface de la sphère; donc le volume de la sphère aura pour mesure le produit de sa surface par le tiers de son rayon; C. Q. F. D.

314. Corollaire. On peut exprimer le volume d'une sphère au moyen de son rayon, de son diamètre, ou de la circonférence d'un grand cercle. J'appellerai R le rayon de la sphère, D, son diamètre, V, son volume, S, sa surface, et C, la circonférence d'un grand cercle. Nous savons que la surface S est égale à $4\pi R^2$ ou à πD^2 ou à $\frac{C^2}{\pi}$ (**262**); nous savons aussi que l'on a : $R = \frac{C}{2\pi}$ (Géom. pl., **478**) ; nous avons donc, en appliquant le théorème précédent, les trois formules suivantes :

$$V = 4\pi R^2 \times \frac{R}{3} = \frac{4}{3}\pi R^3 ; \qquad [1]$$

$$V = \pi D^2 \times \frac{R}{3} = \pi D^2 \times \frac{D}{6} = \frac{1}{6}\pi D^3 ; \qquad [2]$$

$$V = \frac{C^2}{\pi} \times \frac{R}{3} = \frac{C^2}{\pi} \times \frac{C}{6\pi} = \frac{C^3}{6\pi^2} ; \qquad [3]$$

Les deux premières formules sont les plus importantes. Elles montrent que *le rapport des volumes de deux sphères est égal au rapport des cubes de leurs rayons ou de leurs diamètres.*

Exemples. I. Calculer le volume d'une sphère qui a 1 décimètre de diamètre.

J'emploie la formule [2], et j'ai

$$V = \frac{1}{6}\pi .\ 1^3 = 0^{\text{dm.c.}},523599,$$

ou 523 centimètres cubes, 599 millimètres cubes, à moins d'un millimètre cube par excès.

II. Calculer en myriamètres cubes le volume de la terre.

La circonférence d'un grand cercle est égale à 4000 myriamètres ; la formule [3] donne alors :

$$V = \frac{4000^3}{6\pi^2} = \frac{64\,000\,000\,000}{6\pi^2} = 1\,080\,731\,740^{\text{M.c.}}$$

à un myriamètre cube près; mais une pareille approximation est illusoire, parce que la terre n'est pas une sphère parfaite ; nous dirons donc que le volume de la terre est égal à 1080731000 myriamètres cubes environ.

III. Le volume d'une sphère est égal à un mètre cube; quel est son rayon?

La formule [1] nous donne

$$1 = \frac{4}{3}\pi R^3;$$

on en tire :

$$R^3 = \frac{3}{4\pi} = 0{,}238732414,$$

et par suite

$$R = \sqrt[3]{0{,}238732414} = 0^{m},620$$

à un millimètre près par défaut.

IV. Le rapport du diamètre du soleil à celui de la terre est 108,556 ; quel est le rapport de leurs volumes ?

Ce rapport est exprimé par le cube du nombre 108,556, ce qui donne 1279268 environ ; le soleil est donc 1279268 fois plus gros que la terre.

315. THÉORÈME. *Le volume d'un secteur sphérique a pour mesure le produit de la zone qui lui sert de base par le tiers du rayon.*

La démonstration est la même que pour le théorème précédent.

316. THÉORÈME. *Le volume d'un onglet sphérique a pour mesure le produit du fuseau qui lui sert de base par le tiers du rayon.*

Même démonstration que pour le théorème du n° **315**.

317. REMARQUE. Si l'on connaît l'angle dièdre des plans qui limitent l'onglet, on pourra évaluer son volume très-simplement; il est clair en effet que le rapport de l'onglet à la sphère entière est égal au rapport de son angle à quatre angles droits. Alors si n désigne le nombre de degrés de cet angle, le volume de l'onglet sera exprimé par le produit

$$\frac{4}{3}\pi R^3 \times \frac{n}{360} = \frac{\pi R^3 n}{270};$$

la surface du fuseau se trouverait de même; elle est égale à

$$\frac{4\pi R^2 n}{360} = \frac{\pi R^2 n}{90}.$$

318. Problème. *Déterminer le volume d'un segment sphérique.*

Soit PP′ le diamètre de la sphère perpendiculaire aux plans des deux bases; je mène par ce diamètre un plan quelconque qui coupe la sphère suivant un grand cercle, et les bases du segment suivant les lignes AA′ et BB′ perpendiculaires à PP′. Le segment peut être engendré par la révolution de la figure ABDC autour du diamètre PP′; or, il est clair que ce volume est égal à la somme des volumes du secteur sphérique engendré par le secteur circulaire OAB et du cône engendré par le triangle OBD, diminuée du volume du cône engendré par le triangle OAC. Comme on sait évaluer tous ces volumes, on pourra trouver le volume du segment.

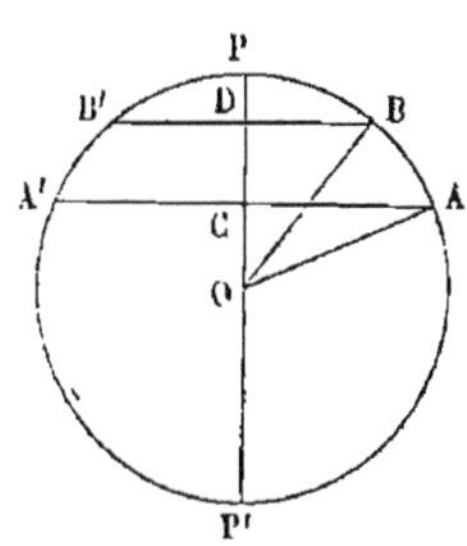

Fig. 201.

On démontre que *le volume du segment est équivalent à la demi-somme de deux cylindres qui auraient pour hauteur commune la hauteur du segment, et pour bases respectives les deux bases du segment, augmentée du volume d'une sphère qui aurait pour diamètre la hauteur du segment.* Mais la démonstration, qui exige quelques connaissances algébriques, ne peut trouver place ici.

Mesure du volume d'un anneau.

319. Théorème. *Le volume d'un anneau a pour mesure l'aire de la courbe génératrice multipliée par la circonférence moyenne.*

Soient ACBC′ la courbe génératrice, AB, son axe de symétrie, xy, l'axe autour duquel elle tourne pour engendrer l'anneau. Je divise la courbe ACB en un grand nombre d'arcs très-petits, tels que CD, et, par les points de division, je mène des perpendiculaires à l'axe; ces lignes partagent l'aire de la courbe génératrice en trapèzes très-petits, tels que CC′D′D, et le volume de l'anneau sera la somme des volumes engendrés par ces trapèzes; je vais évaluer l'un de ces volumes.

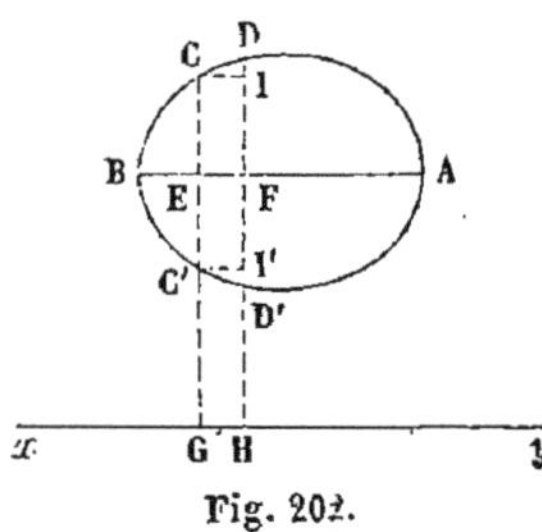

Fig. 202.

Le volume engendré par la révolution du trapèze CC′D′D diffère extrêmement peu de celui qui est engendré par la révolution du rectangle CC′I′I; ce dernier est la différence de deux cylindres, et a pour mesure (**284**)

$$\pi \times \left(\overline{CG}^2 - \overline{C'G}^2\right) \times GH;$$

or, on démontre en arithmétique ou en algèbre que la différence des carrés de deux nombres est égale au produit de la somme de ces nombres par leur différence; on a donc

$$\overline{CG}^2 - \overline{C'G}^2 = (CG + C'G) \times (CG - C'G);$$

d'ailleurs

$$CG - C'G = CC',$$
$$CG + C'G = EG + EC + EG - EC = 2EG;$$

donc

$$\overline{CG}^2 - \overline{C'G}^2 = 2EG \times CC';$$

par conséquent, le volume considéré a pour expression

$$2\pi EG \times CC' \times GH;$$

mais $2\pi EG$, c'est la circonférence moyenne, et $CC' \times HG = CC' \times EF$, c'est l'aire du rectangle CC'I'I, qu'on peut remplacer sans erreur sensible par celle du trapèze CC'D'D ; on a donc :

$$\text{vol. } CC'D'D = CC'D'D \times 2\pi EG.$$

Si nous ajoutons tous les volumes analogues, nous voyons que le volume total est égal au produit de la somme des aires des petits trapèzes par la circonférence moyenne, ou bien à l'aire de la courbe génératrice multipliée par la circonférence moyenne; C. Q. F. D.

320. COROLLAIRE. Supposons que l'anneau soit un tore; désignons par R le rayon du cercle générateur et par d la distance de son centre à l'axe; le volume du tore sera

$$\pi R^2 \times 2\pi d = 2\pi^2 R^2 d.$$

321. REMARQUE. Le volume d'un anneau est le même que celui d'un cylindre dont la base serait égale à la courbe génératrice et dont la hauteur serait égale à la circonférence moyenne; on peut donc considérer un anneau comme résultant de la déformation d'un cylindre dont l'axe s'est courbé sans changer de longueur ; c'est ce que nous avons déjà remarqué au nº **265**. Par analogie, on admet que, si l'axe d'un cylindre se courbe d'une manière quelconque, et que sa section droite reste la même, le volume ne change pas; ce qu'on énonce en disant que *le volume d'un canal à section constante a pour mesure le produit de sa section droite par la longueur de la ligne médiane du canal.* Cet énoncé exige qu'on connaisse l'aire de la section droite et la longueur de la ligne courbe qui passe par les centres de toutes les sections droites.

322. On peut encore mesurer aisément le volume de

certains corps qui se rencontrent assez souvent, et qui résultent aussi de la déformation d'un cylindre.

Imaginons qu'une courbe plane de grandeur invariable se déplace parallèlement à elle-même d'une manière quelconque ; elle engendrera un corps qui pourra être considéré comme équivalent à la somme d'un très-grand nombre de cylindres ayant pour base constante la courbe génératrice ; la somme de toutes ces tranches sera égale à l'aire de la courbe génératrice multipliée par la somme de leurs hauteurs, c'est-à-dire par la distance des deux plans extrêmes qui limitent le corps. Si, pour abréger le langage, nous désignons cette distance sous le nom de *hauteur* du corps, nous pourrons dire que *le volume du corps engendré par une courbe plane qui se déplace parallèlement à elle-même sans changer de forme ni de grandeur, est égal à l'aire de la courbe génératrice multipliée par la hauteur du corps.* Comme exemples de solides qui admettent ce mode de génération, nous pouvons citer le serpentin, les colonnes torses et les vis à noyau cylindrique.

Relation entre le poids, le volume et la densité d'un corps.

323. On appelle *densité* ou *poids spécifique* d'un corps le poids de l'unité de volume de ce corps.

L'unité de poids adoptée en France est le poids d'un centimètre cube d'eau ; on lui donne le nom de *gramme* ; il résulte de ce choix qu'il y a entre les unités de volume et de poids une correspondance remarquable qui est mise en évidence dans le tableau suivant :

un *mètre cube* d'eau pèse une *tonne*,
un *décimètre cube* d'eau pèse un *kilogramme*,
un *centimètre cube* d'eau pèse un *gramme*,
un *millimètre cube* d'eau pèse un *milligramme*.

Quand on prend la densité d'un corps, on suppose toujours que les unités de volume et de poids employées se correspondent : par exemple, si l'unité de volume adoptée est le décimètre cube ou le litre, le poids du corps sera exprimé en kilogrammes; si l'unité de volume est le centimètre cube, le poids sera exprimé en grammes, et ainsi de suite. Dire que la densité du fer est 7,788, c'est dire qu'un centimètre cube de fer pèse $7^{gr},788$, qu'un décimètre cube de fer pèse $7^{kg},788$, qu'un mètre cube de fer pèse $7^{ton},788$.

324. Ces préliminaires posés, on peut trouver facilement une relation entre le poids d'un corps, son volume et sa densité. Soient D la densité d'un corps, V son volume et P son poids, exprimés au moyen d'unités correspondantes; puisque D est le poids de l'unité de volume du corps, le poids d'un volume V de ce corps sera égal à $D \times V$; on a donc :

$$P = V \times D;$$

en langage ordinaire, *le poids d'un corps est égal au produit de son volume par sa densité.*

Réciproquement, *le volume d'un corps est égal au quotient de son poids divisé par sa densité.*

325. Ces deux propositions sont appliquées très-souvent dans la pratique. La première sert à déterminer le poids d'un corps de forme géométrique, quand il est impossible ou incommode de le peser; la seconde sert au contraire à déterminer le volume d'un corps dont la forme n'est pas géométrique, quand on peut en mesurer le poids. Nous allons donner quelques exemples de ces deux problèmes.

I. Une pierre de taille a la forme d'un parallélipipède rectangle dont les dimensions sont $1^m,15$; $0^m,78$; et $0^m,92$; la densité de cette pierre est 2,676; quel est son poids en kilogrammes?

Le volume de cette pierre en décimètres cubes est

$$11,5 \times 7,8 \times 9,2 = 825^{dm \cdot c \cdot},24;$$

son poids sera

$$825,24 \times 2,676 = 2208^{kg}$$

à moins d'un kilogramme.

II. Une boule de métal ayant un décimètre de rayon a été recouverte d'une feuille d'or de $0^{mm},1$ d'épaisseur ; la densité de l'or est 19,36; quel est le poids de cet or?

Pour avoir le volume de l'or déposé à la surface de la sphère, je multiplierai la surface de cette sphère par l'épaisseur de la feuille d'or, ce qui n'est pas absolument exact : à la rigueur, on devrait prendre la différence des volumes de deux sphères dont les rayons seraient 1 décimètre et 1 décimètre $+ 0^{mm},1$; mais on voit aisément que, vu la petitesse extrême de la différence des deux rayons, les résultats trouvés par les deux méthodes diffèrent très-peu. Alors le volume de l'or, en centimètres cubes, sera

$$4\pi \times 10^3 \times 0,01 = 12^{c.c.},56637;$$

le poids de cet or, en grammes, sera donc

$$12,56637 \times 19,36 = 243^{gr},285$$

à un milligramme près par excès.

III. Le poids d'un lingot d'argent est de $62^{gr},45$; la densité de l'argent est 10,47 ; quel est le volume de ce lingot?

Son volume en centimètres cubes est

$$\frac{62,45}{10,47} = 5^{c.c.},965,$$

à un millimètre cube près par excès.

IV. Pour avoir le diamètre d'un grain de plomb sphérique très-menu, on a pesé 100 grains pareils, et on a trouvé que leur poids était $0^{gr},526$; la densité du plomb est 11,35; quel est le diamètre d'un de ces grains?

Le volume de chaque grain est, en centimètres cubes :

$$\frac{0,526}{11,35 \times 100} = \frac{0,526}{1135};$$

or, ce volume est égal à $\frac{1}{6}\pi D^3$ (**344**) ; on a donc

$$\frac{1}{6}\pi D^3 = \frac{0,526}{1135};$$

d'où

$$D^3 = \frac{0,526 \times 6}{1135 \times \pi} = 0,00087509....$$

et par suite

$$D = \sqrt[3]{0,00087509....} = 0^c,096$$

à $0^c,001$ près par excès ; le diamètre de chacun de ces grains de plomb est donc de 96 centièmes de millimètre environ.

326. Pour faciliter les applications, nous donnons ici une table des densités des matières les plus usuelles.

SUBSTANCES.	DENSITÉS.
Acier	de 7,717 à 7,840
Argent	10,47
Bois de chêne sec	de 0,8 à 0,9
Bronze des canons	8,89
Cuivre rouge	8,85
Diamant	3,5
Étain	7,29
Fer	7,788
Fonte	7,2
Granit	de 2,66 à 2,75
Houille	de 1,27 à 1,36
Laiton	8,265
Marbre	2,7
Or	19,36
Pierre calcaire	de 1,94 à 2,7
Platine	22,06
Plomb	11,35
Terre glaise	1,9
Verre	de 2,436 à 2,527
Zinc	7,19

FIN.

TABLE DES MATIÈRES

FIN DE LA TABLE DES MATIÈRES.

BIBLIOTHÈQUE NATIONALE R.F. IMPRIMÉS

CORBEIL. — TYP. DE CRÉTÉ FILS.

www.ingramcontent.com/pod-product-compliance
Ingram Content Group UK Ltd.
Pitfield, Milton Keynes, MK11 3LW, UK
UKHW021055270726
13967UKWH00012B/1509